JN278978

化学サポートシリーズ

編集委員会：右田俊彦・一國雅巳・井上祥平
岩澤康裕・大橋裕二・杉森　彰・渡辺　啓

化学をとらえ直す
－多面的なものの見方と考え方－

上智大学名誉教授
理学博士
杉 森　彰 著

東京 裳 華 房 発行

CHEMISTRY FROM NEW ASPECTS

by

AKIRA SUGIMORI, DR. SCI.

SHOKABO

TOKYO

〈日本複写権センター委託出版物・特別扱い〉

「化学サポートシリーズ」刊行趣旨

　一方において科学および科学技術の急速な進歩があり，他方において高校や大学における課程や教科の改変が進むなどの情勢を踏まえて，新しい時代の大学・高専の学生を対象とした化学の教科書・参考書として「化学新シリーズ」を編集してきました．このシリーズでは化学の基礎として重要な分野について，一般的な学生の立場に立って解説を行うことを旨としておりますが，なお，学生の多様化や多彩な化学の内容に対応するためには，化学における重要な概念や事項の理解をより確実なものとするための勉学をサポートする参考書・解説書があった方がよりよいように思われます．そこで，このために「化学サポートシリーズ」を併行して刊行することにしました．

　編集委員会において，化学の勉学にあたって欠かすことのできない重要な概念，比較的に理解が難しいと思われる概念，また最近しばしば話題になる事項を選び，テーマ別に1冊（100ページ程度）ずつの解説書を刊行して，読者の勉学のサポートをするのが本シリーズの目的であります．

　本シリーズに対するご意見やご希望がありましたら委員会宛にお寄せ下さい．

1996年5月

編集委員会

はじめに

　一口に"化学"といっても，"化学"という題目で化学を学習するのは高等学校までで，大学の化学系学部に入学すると，それは"物理化学""分析化学""有機化学""無機化学""高分子化学""石油化学""環境化学"…などなどとなる．

　こうした中で，試験が終わると同時に，それまでの学習内容をすっかり忘れ，新らしい"化学"を白紙に近い状態から再び学び直すという光景を，よく目にする．このリセットのために，物理化学は"物理化学"，有機化学は"有機化学"，分析化学は"分析化学"と，それぞれを狭い枠の中だけで学んでしまい，化学を総合的にとらえる志向は少なくなってしまう．

　同じことは，実験についてもいえるのではないだろうか？

　例えば，沪過の技法は"分析化学実験"でも"有機化学実験"でも実習する．しかし多くの場合，ただ漫然とテキスト通りに手を動かすだけで済ませてしまう．その操作の意味を問いながら，あるいはもっと単純に，"有機合成のときはこんなやり方で沪過をしたのに，定量分析のときにはなぜ，こうしたやり方をするのだろう"などと，相互のやり方を比較しながら，実験手法を身につけようとすることは少ないのではないだろうか？

　もっともこれには，我々教える側にも問題がある．化学では学問の閉鎖性が強く，物理化学の教員が"有機化学"を，有機化学の教員が"物理化学"を講義することは少ない（物理学では誰でも，学部レベルの力学，電磁気学，量子力学などの講義ができるときいている）．化学の"個別性"は，こうして強く意識されるところとなる．

　広い範囲に分散している個別の知識をひとつの視野に収め，分類し，相互

に関連をつける——この作業が化学に限らず，さまざまな知識を創造的な仕事に役立てていくために重要である．これによって，ひとつの問題を解決するために"どのような方法が考えられるか"を広い視野で捜し求めることができ，それらの相互比較から，当面の問題解決に最善の方法を選び出すことができるようになる．また，問題の仕組みのアナロジーに注目することによって，現象的には非常にかけ離れて見える事柄の間に共通の論理を見出し，巧みなモデルを作り上げることで，新しい体系を作り出し，学問に新たな広い展開をもたらすことができるようになるだろう．

にもかかわらず，これまでの"化学"では，見かけの個別性にとらわれ，こうしたことを自然に意識できる環境からあまりにかけ離れていたように思う．

"物理化学""分析化学""有機化学""無機化学"などの基本を学んだ後で，これらを総合的な視点で"とらえ直す"ことができないだろうか？　これが本書における，筆者からの問いかけである．

　　さて，創造的な仕事に役立つ知識は総合的，かつ多面的・複眼的でなければならない．そのような知識の獲得には，筆者が**枝分れ法**と呼ぶ分類法と，**マトリックス法**と呼ぶ相互比較の方法とが有効ではないかと考える．**第1章**では，そのモデルのいくつかを提示する．

　第2章は，第1章で展開した考え方を，**酸化・還元を題材に具体化した**ものである．

　第3章では，化学現象に見られる法則性のうち，**物質の濃度と化学現象の間の比例関係（もう少し広くいうと，線形性）**を取り上げ，線形性が成り立つ場合と，"線形性が隠されている"場合をそれぞれ考察し，どのような場合に線形性が成り立ち，"線形性が隠される"かを見る．そこではランベルト-ベール (Lambert-Beer) の法則についても，もう少し深く考える．日常，当り前のこととしているランベルト-ベールの法則も，紫外・可視スペクトル，

赤外スペクトルからNMRスペクトルと広く眺めてみると，これまで気づかなかった問題点が浮かび上がってくる．

また最近，科学のさまざまな分野で非線形性が注目されるようになってきた．**化学現象における非線形性**の問題を**付録**に付け加えた．若い読者の関心を，その方向に向けるきっかけとしたい．

第4章では，**実験器具と実験操作**について考える．またここには，新らしい実験器具を考案する際の苦心談として，**桐山漏斗の誕生物語**を収めた．高い意識を持っていれば，誰でも創造的な仕事ができる．しかしそれには，血のにじむ努力が必要である．どのようにしてアイディアを得，どのように困難を克服したのか．この物語は大いに参考になるものと思う．

また，ブンゼンの作ったバーナーや分光器，アストンの質量分析器などを見ながら，科学のパイオニアたちが，技術上の困難を克服しながら新らしい実験機器を考案し，新たな学問の領域を開拓していった姿を想像しよう．時代を変えるような新らしい装置も，はじめは机の上に乗るような，手作りの玩具のようなものから始まっている．

ところで，実験の記録を上手にとることほど，その大切さがわかっていながら，実行の難しいものはあるまい．第5章では，**実験ノートの重要性**を，有機ラジカル化学の端緒となった酸素効果の発見という**実例に即して述べるとともに，実験ノートのとり方**について，いくつかの提言をしたいと思う．

本書で取り上げた話題は，全体として統一のとれたものではなく，また秩序立ったものでもない．"とっくに知っているよ"といわれるようなものばかりでもあろう．しかし，これは最初の試みである．多くの読者が，自分の知識の再構成のために**化学を広い視野からとらえ直す**，たくさんの試みがなされてもよいのではないかと考える．

本書はそんな試みのひとつである．

はじめに

筆者はこの数年，自身が担当する3年次の"有機化学"の選択科目の一部（90分の講義で5，6回分）を利用し，本書の内容を話してきた．毎回が実験で，そのとき思いついたことを継ぎ足しながら，このような形になってきたのである．さらに続ければ，また違う内容のものになっていくだろう．

"講義要目"とか"シラバス"だとかにとらわれず講義ができたこと，受講してくれた学生（選択科目なので，化学科の90人の学生のうちの30人ほど）が熱心に聴いてくれたことで，調子にのってこのようなものができたわけである．講義の折，素直な疑問をぶつけてくれた学生諸君に感謝する．

また話を具体的に，生き生きとしたものにするために，本来公開すべきでない私信を掲載させていただいた．快くお許しいただいた花房昭静先生に心からの感謝を申しあげる．同時に，桐山漏斗開発の苦心談を聴かせていただいた桐山弥太郎氏にも深く感謝する．

3・3・2項で取り上げた"NMRにおいて，なぜランベルト-ベールの法則が適用されないのか"という問題については，たくさんの先輩，友人に質問を持ちかけ，ご迷惑をおかけした．筆者としては，まだ十分に納得する説明を見出してはいない．しかし本書で，あえてこの問題を取り上げたのは"物理化学""有機化学""無機化学"の枠を越え，高い視点から見直すと，このような不思議な現象に出会い，それを通して化学に対する理解が深まると考えたからである．本書の説明は，大橋 修 上智大学教授にご教示いただいたものである．

このような型破りの本を作るにあたって，本シリーズ編集委員の先生方には企画・立案の段階で侃侃諤諤のご議論をいただいた．また原稿は，右田俊彦委員長を始め，編集委員の先生方にもご覧いただき，ご意見をいただいた．

さて，この本には，いきさつがある．数年前，ここにあるものとはかなり違った形の原稿を書き，何人かの方に見ていただいた．その際，忌憚のないご意見で批判していただき，改良の指針を示して下さった大橋裕二教授と大

橋ゆか子 文教大学教授には大変なご厄介をおかけした．

　編集部の亀井祐樹氏は，数年前の草稿の段階から内容，表現に至るまで，意見をいただいたり，実際に直していただいたりで，共著者といってもよい役割を果たしていただいている．

　このように小さく，また薄い本ではあるが，多くの方のお力添えによってできている．それにもかかわらず内容，表現ともに稚拙で，目標としていた"若い読者をインスパイアする"のに遠いとすれば，それは筆者の才能の不足のためである．しかし初めにも述べたように，化学を総合的にとらえる視点の重要性は変わらない．

　さまざまな視点からの"化学汎論"（古くさい言葉だが，筆者には最もぴったり来る言葉である）が書かれることが期待される．また若い読者には，受動的に講義を受けず，さまざまな分野で獲得した知識を自分で再編成し，一人一人が自家製の"化学汎論"を作って下さるようお願いする．

　2000年10月

杉　森　　彰

目　次

第1章　知識の整理には大きな紙を使って表を作ろう
　　　　　― 役に立つ化学の基礎知識とは ―

- 1・1　創造的な仕事に役立つ知識とは　2
- 1・2　枝分れ法とマトリックス法　2
- 1・3　有機反応を整理する　6
- 1・4　定性分析と定量分析の方法を整理する　7
- 1・5　物質構造の重層化と機能性　14

第2章　いろいろな角度からものを見よう
　　　　　― 酸化・還元の場合を例に ―

- 2・1　酸化はどこで起こっているか？　24
- 2・2　酸化・還元反応の実行　28

第3章　数式の奥に潜むもの
　　　　　― 化学現象における線形性 ―

- 3・1　法則のアナロジー　30
- 3・2　化学現象における線形性　31
- 3・3　旋光性，発光とNMR　38
- 3・4　一次反応の速度式　43

第4章 実験器具は使いよう
― 実験器具の利用と新らしい工夫 ―

- 4・1 化学の進歩と実験技術　46
- 4・2 沪過のいろいろ　48
- 4・3 桐山漏斗の誕生　56
- 4・4 玉入り冷却管を用いた蒸留　58
- 4・5 実験器具の発明と新分野の開拓　60

第5章 実験ノートのつけ方
― 記録は詳しく正確に，後からの調べがやさしい記録 ―

- 5・1 実験ノートの重要性　70
- 5・2 実験ノートの一例　73

付録　化学現象における非線形性

- A・1 非線形性とは　79
- A・2 化学現象における非線形性のいろいろ　80
- A・3 振動反応　82
- A・4 非線形光学効果　85
- A・5 濃度と反応速度との面白い関係 ― ラジカル連鎖反応 ―　87

索引　92

第 1 章

知識の整理には大きな紙を使って表を作ろう
― 役に立つ化学の基礎知識とは ―

　講義や練習実験で，単に課題として与えられる勉強を卒業し，世界で誰も試みたことのない新らしい仕事に役立つような基礎知識は，どのように獲得すればよいだろうか．それは本質的には，一人一人が自分のやり方で作り上げていかなければならないものだろう．

　ここでは，そのヒントになるように，筆者の"実験例"を見ていただくことにしよう．

1・1 創造的な仕事に役立つ知識とは

　創造的な仕事をするときに役立つ化学の知識とは，どういうものだろうか？読者諸君が大学4年生になり(あるいは，工業高等専門学校の5年生になり)卒業研究に入ると，すぐにそのような知識の活用が必要になってくる．卒業研究や大学院での研究，あるいは社会に出てからの大学・研究機関・企業などでの研究はテキスト，マニュアルのない，自分だけで切り拓いていかなければならない厳しい仕事である(一人一人が自由に発想して行う研究はもちろん，グループ研究であっても，一人一人が能力の全てを発揮して，ひとつの目標に創意工夫を傾けていかなければならない．グループ研究の方がむしろ，日々の仕事は厳しい評価に曝され，より厳しい環境下で仕事をしなければならないだろう)．

　未知の領域を切り拓く仕事をするには，知識を吐き出すのではなく，これまでの知識を縦横に組み合わせ，問題解決のために最もよい実験(理論的な研究では，計算)計画を立て，実行していかなければならない．

　"役に立つ化学の知識"は，物理化学，分析化学，有機化学，無機化学などに特化されたものでなく，大量でなくてもよいから，総合的に整理されたコンパクトなものでなくてはならない．それでは，どのようにすればそのような形で知識が整理できるだろうか？

1・2 枝分れ法とマトリックス法

　知識の整理には，2つの方法があると思う．1つは，大きな概念を系統的に分類していく**枝分れ法**，もう1つは，全体をいくつかに分類していき，各々の構成要素がどのように異なっているかを比較・検討する**マトリックス法**である．

　枝分れ法は，対象とする事柄を包括性の高い順に分類していき，段々と細

1・2 枝分れ法とマトリックス法

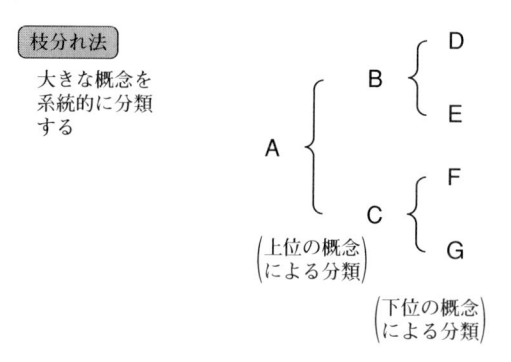

枝分れ法
大きな概念を系統的に分類する

```
         ┌ D
      B ─┤
   ┌─    └ E
A ─┤
   └─    ┌ F
      C ─┤
         └ G
```

（上位の概念による分類）　（下位の概念による分類）

マトリックス法
ひとつの概念で全体を分類する

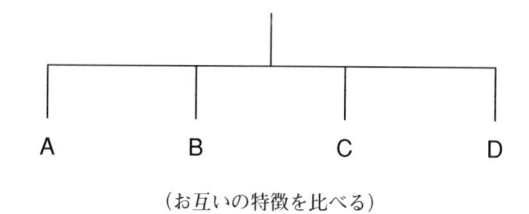

```
    ┌───┬───┬───┐
    A   B   C   D
```

（お互いの特徴を比べる）

図1・1　知識の整理．枝分れ法とマトリックス法

分化していく方法である．**マトリックス法**は，類似した化合物や反応，実験方法や概念などをいろいろな面から比較し，それらの類似性，相違を書き出す方法である．

こうして整理された内容を表にまとめることで，知識が整理される．枝分れ法，マトリックス法の要点をまとめると，**図1・1**のようになる．

さてここまでは，枝分れ法とマトリックス法というように，2つの方法を区別して説明してきたが，何も両者は相反するものではなく，逆に，2つを併用し表を作成することで，よりよい知識の整理を達成することができる．

表の作成には，できるだけ大きな紙を使うとよいだろう．筆者は，A3判の青色のマス目のついた紙を愛用している．特に，トレース用紙（トレーシング・ペーパー）を用いることが多い．筆記具としては鉛筆を用いる．トレー

表 1・1 有機反応の

			活性種の生成	反応の特徴	付加反応
反応機構による分類	反応活性種による反応	イオン種による反応	カチオン種による反応	アニオンの放出 $>C-X \longrightarrow >C^+$ プロトン酸，ルイス酸による負イオンの引抜き $RCOCl + AlCl_3 \longrightarrow$ $RCO^+ + [AlCl_4]^-$ $>C=O$ の C は分極によって，本来的に正に帯電 $>C=O \longleftrightarrow >C^+-O^-$	カチオン種は電子豊富な $>C=C<$，ベンゼン環などを攻撃する．攻撃を受ける側の電子密度が高いほど反応しやすい→ベンゼン環の求電子置換反応における置換基効果	プロトン酸などのアルケンへの付加（マルコフニコフ付加） H_2SO_4 の付加 $CH_2=CHCH_3 \xrightarrow{H^+} CH_3\overset{+}{C}HCH_3$ $\xrightarrow{^-OSO_3H} \underset{CH_3CHCH_3}{\overset{OSO_3H}{|}}$ HCl, HI も同様に反応する．ラジカルが生成しない条件下での HBr との反応も同じ（2つ下の欄を参照）
			アニオン種による反応	炭素－金属結合の分極 $\overset{\delta-}{R}-\overset{\delta+}{MgX}, R-Li$ 負イオン ハロゲン化物イオン， HO^-, RO^- 非共有電子対を持つもの $R\overset{..}{N}H_2$	アニオン種は，有機分子の正に帯電した部位を攻撃する．$\overset{\delta+}{>C}=\overset{\delta-}{O}$（アルデヒド，ケトン，カルボン酸，エステル，アミドなど），$\overset{\delta+}{C}-\overset{\delta-}{X}$（X はハロゲン）などが攻撃目標になる	グリニャール反応 $R'-\overset{O}{\underset{\|}{C}}-R'' + R^-Mg^+Br$ $\longrightarrow R'-\underset{R}{\overset{OMgBr}{\underset{\|}{C}}}-R''$ $\xrightarrow{H_2O} R'-\underset{R}{\overset{OH}{\underset{\|}{C}}}-R''$ R^- が，正に帯電した $\overset{\delta+}{>C}=\overset{\delta-}{O}$ の C を攻撃する
		ラジカル種による反応		弱い結合の熱あるいは光によるホモリシス $\phi\text{-COOOCO-}\phi$ $\xrightarrow{\Delta, h\nu} 2 \phi\text{-COO·}$ $CH_3-\underset{CN}{\overset{CH_3}{\underset{\|}{C}}}-N=N-\underset{CN}{\overset{CH_3}{\underset{\|}{C}}}-CH_3$ $\xrightarrow{\Delta} 2 CH_3-\underset{CN}{\overset{CH_3}{\underset{\|}{C}}}\cdot$ 電子移動 $RX \xrightarrow{e^-} R\cdot + X^-$	不対電子の不安定性を解消しようとして，水素原子などの引抜き，$>C=C<$ への付加などを起こす．反応によって再びラジカルが生成し，連鎖反応になることが多い	過酸化物存在下での，アルケンへの HBr の付加（反マルコフニコフ付加） $CH_2=CHCH_3 \xrightarrow{Br\cdot}$ $CH_2BrCHCH_3 \xrightarrow{HBr}$ $CH_2BrCH_2CH_3 + Br\cdot$ （この反応は連鎖反応） 多くのビニル化合物の重合は，ラジカル連鎖反応で進行する
	協奏反応（反応の途中で中間体が生成することなく，数個の反応中心が，一挙に反応し生成物を与える）			熱反応である基底状態の反応では，特別な反応活性種は関与しない 光反応では，電子的励起状態が関与する	反応が自然に進行することがある（ディールス-アルダー反応は，反応物を混ぜただけで発熱的に進行する）	ディールス-アルダー反応 光 [2+2] 付加環化 $Ph\text{-}CH=CH\text{-}COOH \xrightarrow{h\nu}$ シクロブタン環生成 熱反応ではジエンとアルケン，光反応ではアルケン同士が反応する

分類と整理

反応形式による分類			
脱離反応	置換反応	縮合反応	転位反応
E1反応 $CH_3-\underset{CH_3}{\underset{|}{C}}-CH_3 \longrightarrow CH_3-\underset{CH_3}{\underset{|}{\overset{+}{C}}}-CH_3$ $\overset{OH^-}{\longrightarrow} CH_3-C=CH_2$ 第三級炭素はカルボカチオンになりやすい。これはOH^-と反応して，上のE1反応とともにS_N1反応を起こす $CH_3-\underset{CH_3}{\underset{|}{C}}-CH_3 \longrightarrow CH_3-\underset{CH_3}{\underset{|}{\overset{OH}{C}}}-CH_3$	ベンゼン環の求電子置換反応（以下の例は，ルイス酸触媒ハロゲン化） [benzene] + Br_2 $\xrightarrow{FeBr_3}$ [bromobenzene] + HBr $Br_2+FeBr_3 \rightarrow Br^+ +[FeBr_4]^-$の反応で生じる$Br^+$による反応 S_N1反応（左の欄を参照）	酸触媒エステル化 $R-\overset{O}{\underset{\|}{C}}-OH \xrightarrow{H^+}$ $R-\overset{OH}{\underset{\|}{C}}-OH \xrightarrow{R'OH} R-\overset{OH}{\underset{\|}{C}}-OH$ $\underset{HOR'}{}$ $\longrightarrow R-\overset{O}{\underset{\|}{C}}-OR'$ H^+の付加で活性化された$C=O$に，アルコールが求核攻撃する	CやNが正イオンになると，隣接するアルキル基が移動する $Ph-\underset{Ph}{\underset{\|}{C}}-\overset{OH}{\underset{\|}{C}}-Ph \xrightarrow{H^+}$ $Ph-\underset{Ph}{\underset{\|}{C}}-\overset{O}{\underset{\|}{C}}-Ph$ ベックマン転位 $R\underset{R'}{\underset{\|}{C}}=NOH \xrightarrow{H^+} R-C\equiv N^+$ $R-\overset{+}{C}=NR' \xrightarrow{H_2O} R-\overset{O}{\underset{\|}{C}}-NHR'$
E2反応 [E2 mechanism diagram] $\longrightarrow C=C$ Clの電子求引で，酸性を持つ隣りのCのHをOH^-が引抜く	S_N2反応 $I^- + $ >C-Cl $\longrightarrow$ [transition state] $\longrightarrow I-C< + Cl^-$ 求核試薬が脱離基の逆側から攻撃する．立体配置が反転する（S_N1反応を参照）		
ラジカルは安定な分子を放出して，他のラジカルに変化することがある $RCOO\cdot \longrightarrow R\cdot + CO_2$ $R\overset{\cdot}{C}=O \longrightarrow R\cdot + CO$	[toluene]+$Br_2 \xrightarrow{h\nu}$ [benzyl bromide] $Br_2 \xrightarrow{h\nu} 2Br\cdot$の反応で生じた$Br\cdot$による反応 [toluene]+$Br\cdot \xrightarrow{h\nu}$ [benzyl radical]+HBr [benzyl radical]+$Br_2 \xrightarrow{h\nu}$ [benzyl bromide]+$Br\cdot$ （この反応は連鎖反応）		1,2-アリール転位 $Ph-\underset{CH_3}{\underset{\|}{C}}-\overset{\cdot}{C}H_2 \longrightarrow$ [phenyl migration intermediate] $\longrightarrow CH_3-\underset{CH_3}{\underset{\|}{\overset{\cdot}{C}}}-CH_2Ph$
			コープ転位 [Cope rearrangement diagram] (X,YはCN,COOR,R,Ar) クライゼン転位 [Claisen rearrangement diagram]

ス用紙に書かれた鉛筆の文字は消しゴムで簡単に消すことができ，表の訂正や増補にとても便利である．

次節からは3つの具体例について，表の作り方だけでなく，その内容についても簡単に解説していくことにしよう．

1・3 有機反応を整理する

表1・1は，1・2節の方法によって整理された知識の実例のひとつである．有機反応を，反応形式（マトリックス法により分類．横軸方向）と反応機構（枝分れ法により分類．縦軸方向）の2つの視点から分類してある．2つの分類の"交点"には反応の実例と，実例に即した反応の特徴をはめ込んだ．枝分れ法による分類（すなわち，反応機構による分類）には，各々の反応における活性種の生成法，反応の特徴についての比較も記載した．

新らしい反応を学ぶたび，この表にそれを書き加えていけば，どこまでも表は大きくなる．知識が増え，表が畳一畳分ほどの大きさになるころには，その人の有機化学の実力は，大学学部学生のレベルとして十分なものになるだろう．

有機反応の分類，すなわち有機反応に関する知識の整理は，他の観点からもできる．例えば，反応を起こす手段をマトリックス法で分類すると

熱反応，光反応，電気化学反応，高圧反応，……

などなどとなる．これらを，第3の軸にとると，図1・2のような3次元の表ができる．またさらに，酸化・還元などの観点から有機反応を整理することもできよう．このようにすると，現実には書くことはできないが4次元，5次元の分類表が得られることになり，知識が立体化し，豊かになる．

図1・2について具体的に考えてみよう．例えば，ある x（反応形式）として置換反応，y（反応機構）としてラジカル種による反応，z（反応を起こす手段）として光反応をとると，該当する反応（すなわち，これらの"交点"と

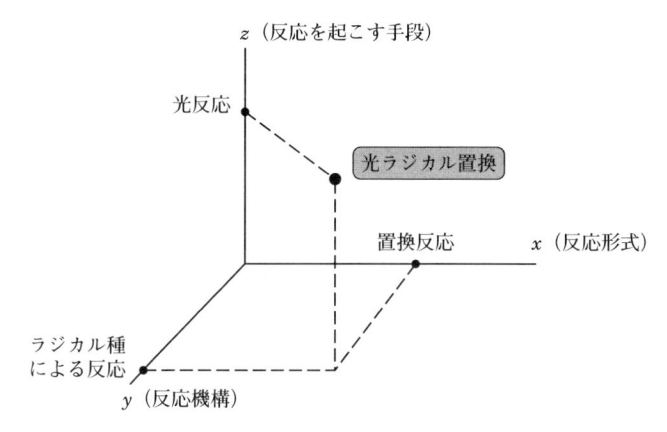

図1・2 3次元の表による有機反応の分類と整理．x軸方向，y軸方向はそれぞれ反応形式，反応機構による分類．さらに，反応を起こす手段による分類をz軸方向に加える

しては，単体ハロゲンとトルエンとの光照射下における側鎖メチル基のハロゲン置換が，すぐに思いつくというふうである．

1・4 定性分析と定量分析の方法を整理する

　表1・1は，有機化学の範囲の知識を整理したものであったが，物質の物理的性質（特にスペクトル）と反応の原因，それが与える化学構造についての情報，濃度との関係，測定機器の構成，測定に要する物質の量をまとめた表1・2は，物理化学，有機化学，無機化学，分析化学を包括するものである．
　表1・2は"方法"を，化学的性質を利用するものと，物理的性質を利用するものとに分け，さらに物理的性質を利用する方法をスペクトルによる方法，非スペクトルによる方法，分離による方法とに分類し，その各々を細分化したものである．特に目新しいものではないが，それぞれの方法の原理を基礎に，何がどのような情報を与えるかを整理し，それぞれが化学構造の決定や物質の同定（この2つをまとめて，定性分析といってよいであろう），また

表 1·2　定性分析と

方法の名称			原理		同定
化学的性質(反応)を利用する方法					特性反応
物理的性質を利用する方法	スペクトルによる方法	電子スペクトル	電子遷移	吸収	特定波長の吸収
				発光(蛍光, リン光, 原子発光)	特定波長の発光
		赤外スペクトル	振動励起	吸収	特性振動
		マイクロ波スペクトル	回転励起	吸収	慣性モーメント
		NMR	ゼーマン効果	吸収	化学シフト / 超微細構造 / 吸収強度
		質量スペクトル	イオン化された分子, 断片の同定		$\dfrac{m}{z}$
	非スペクトルによる方法	X線回折	回折	単結晶	原子配置
				粉末	格子面距離
		電気分析	酸化・還元		酸化・還元電圧
	分離による方法	クロマトグラフィー[a]	分配, 吸着など		分配, 吸着特性 / 質量分析
		液体クロマトグラフィー	分配		
			吸着		
			イオン交換		
		薄層クロマトグラフィー(液体クロマトグラフィーの一種)			
		ガスクロマトグラフィー	分配		
			吸着		
		電気泳動	電場下でのイオンの移動		移動速度

[a] 他に分子ふるい, アフィニティー (酵素や抗原・抗体の特異性) などを利用したクロマトグラフィーがある

定量分析の方法

(定性分析)	定量分析		分析に必要な試料の量			道具	
イオン 酸・塩基 酸化・還元 官能基	重量分析		>10 mg			天秤	
	容量分析	液体 気体	~100 mg	ピペット		ビュレット ガスビュレット	指示薬
原子, 分子	$\log_{10}\dfrac{I_0}{I}$ (ランベルト–ベールの法則)		~mg	[光源] 連続スペクトル を与える光源		[分光器] 回折格子 プリズム	[検出器] 光電子増倍管
原子, 分子	発光強度		~mg	上に同じ		上に同じ	上に同じ
官能基, 骨格			~100 mg	ネルンストランプ		回折格子	熱電対
分子の(立体)構造	吸収強度						マイクロ波受信器
官能基 骨格	吸収強度(面積)		>10 mg	強い均一磁場 ラジオ波発振 器	微小な 磁場変化		短波受信器
分子量 部分構造	強度(電気量, 電流値)		~mg	高真空イオン化	磁場 電場		電流計
			~mg	X線発生装置			写真 計数管
	回折強度		100 mg				
酸化・還元特性	電気量(全量) 電流(濃度) (拡散電流)			電極(白金電極, 水銀滴)			電流計
物質の同定	混合物の組成		<mg	注入装置			
				[固定相] 粉体に固定 された水, 有機溶媒	[移動相] 有機溶媒		光吸収, 屈折 率測定装置 質量分析計
				固体吸着剤	有機溶媒		上に同じ
				イオン交換樹脂	塩, 酸・塩 基水溶液		上に同じ
				基板上に塗 られた粉体	有機溶媒		肉眼による 観察
				粉体に固定 された高沸 点有機溶媒	不活性気体		熱伝導計 イオン検出器
				固体吸着剤	不活性気体		上に同じ
物質の同定	混合物の組成			沪紙, ゲル	水に溶けた イオン		染色

定量分析にどのように利用されるかがまとめられたものである．最後，表の右端には，その方法において用いられる"道具"をリストアップした．"スペクトルによる方法"では，測定機器の重要な要素である光源，分光器，検出器について，アナロジーの考え方を使い，いろいろな方法の間で道具立ての対比ができるように並べてある．

1・4・1 化学的性質を利用する方法

すでに述べたように"方法"には，化学的性質を利用するものと，物理的性質を利用するものとがある．

まず，化学的性質を利用する場合を詳しく見てみよう．

有機化合物のケトン，アルデヒドは，2,4-ジニトロフェニルヒドラジンと反応して，黄色の沈殿 2,4-ジニトロフェニルヒドラゾンを作る．

$$R-\underset{\underset{O}{\|}}{C}-R' + \underset{\underset{NO_2}{}}{\underset{NO_2}{}}\text{(NH-NH}_2\text{)} \longrightarrow \underset{NO_2}{\underset{NO_2}{}}\text{(NH-N=CR-R')}$$

この反応は，研究対象の化合物がケトン基，アルデヒド基を持っているかどうかを判断するために使うことができ（すなわち，定性分析である），さらに沈殿の生成を上手に行うと，ケトン，アルデヒドを 100% 沈殿させることができるので定量分析にも利用することができる．

もうひとつ別の例を挙げよう．脂肪族第一アミン RNH_2 は，亜硝酸と反応すると窒素 N_2 を発生する．この反応では，N_2 が化学量論的に発生するので，N_2 の体積を測定することによって，そこに含まれている RNH_2 の量を定量することができる*．

---

* ただし，アルコール ROH の生成は化学量論的ではないので，ROH の量を測定しても，RNH_2 を定量したことにはならない．

$$\text{R-NH}_2 + \text{NaNO}_2 \xrightarrow{\text{H}^+} \text{N}_2 + \text{R-OH}$$

　最近は，物質の同定や定量には，もっぱら物理的方法が用いられるが，時によると，化学的方法が有効なことがある．機械的な物理的方法より，自分の持つ化学の知識を縦横に活用できるそうした場面では，より化学が楽しめるのではないだろうか．

1・4・2　物理的性質を利用する方法

　次に，物理的性質を利用する方法について，詳しく見てみよう．

　定性分析や定量分析に利用される物理的方法（あるいは，物理化学的方法といってもよい）は分配，吸着などによる分離を基礎にした方法と，スペクトル，非スペクトルそれぞれによる方法とに大別される．このうち，スペクトルによる方法は，化学構造について多くを知らせてくれる．こうした方法については，むしろ，化学構造を決める（これを定性分析のひとつといってもよかろう）方法が，定量分析にも転用できるのだと考えた方がよいだろう．

（1）　スペクトルによる方法

　スペクトルには，表1・2に示したような種類があり，いずれも分子を構成している原子の種類や，原子間の結合の状態について知らせてくれる．

　例えば電子スペクトル（紫外・可視スペクトル）によって，我々は分子の中の共役系について知ることができる．また赤外スペクトルによれば，その分子の持つ官能基の種類を知ることができ，マイクロ波スペクトルによれば分子の立体構造を知ることができる．さらにNMRによって，官能基の種類だけでなく，炭素骨格を含めた，それらの配列の様子をも知ることができるのである．

　さてここで，それぞれのスペクトルの起源について考えてみよう．電子スペクトル，赤外スペクトル，マイクロ波スペクトルは，それぞれ分子の電子状態，振動状態，回転状態に基づいたものであり，NMRは，分子を強い磁場

の中に置いたときに生ずる原子核スピンの状態に基づいたものである．いずれのスペクトルも，量子化された分子の状態間の遷移に伴って生ずるものである．

第3章で述べるように，これらスペクトルの吸収強度はベール（Beer）の法則によって，あるいは線形の関係によって"濃度"と結びつけられており，定量分析にも活用されることになる．

ところで"スペクトル"とはいっても，質量スペクトルは，すでに述べた前四者とは原理が異なっている．これは高いエネルギーを分子に与えたとき（具体的には，加速した電子を分子に衝突させたとき）に得られる，分子の分解のパターンであって，表1・2の中に，その違いを反映させた方がよいかも知れない．

質量分析は，分子量を知るための最もよい方法となっており，これから得られる情報は貴重である．

（2） 非スペクトルによる方法

非スペクトルによる方法のひとつ，X線回折は，化学構造の決定のための究極的方法である．単結晶のX線回折によれば，分子中の各原子の位置を明確に決定できる．

X線構造解析には直接法が開発され，専門家でなくても，単結晶さえ得られれば比較的簡単に，X線でその構造を見ることができるようになった．今後はNMRや赤外スペクトルのように，より多くの場面で，手軽に利用されるようになっていくだろう．

もうひとつの非スペクトルによる方法である電気分析は，酸化・還元に関する基本的なデータを与えてくれるもので，他の分析方法では得ることのできない情報の源泉として，独自の領域を守っている．ポーラログラフィーなど，定量分析にも大いに役立つ．

（3） 分離による方法

分離を基礎にした分析法についても，少し解説をしておこう．

そもそも分離・精製は，化学技法の基本のひとつである．複雑な混合物の中から，少量しか含まれていない成分を純粋なものとして単離することは，物質を研究する化学という学問の出発点である．それゆえ分離・精製の技法は古くから工夫が続けられ，さまざまな原理のものが発展してきた．同時に，原理を実際に適用するために便利な器具も，いろいろなものが発明されてきた．そのような器具には，例えば"ソックスレー（Soxhlet）抽出器"のように発明者の名前がつけられ，親しまれているものが多い．

このような分離・精製の技法は，分析技法に応用される．分離を100％の効率で行うことができれば，それは定量分析になる．

さて，分離に基礎を置いた定量分析で最も重要なものは，クロマトグラフィーである．クロマトグラフィーには分配，吸着，分子ふるい，イオン交換，抗原・抗体反応など，さまざまな原理が適用できる．

一方，このクロマトグラフィーを技法の点から見直してみると，またそこには，もうひとつの体系があることに気づく．

液体を移動相として用いる場合に話を限れば，まず，固定相がカラム状に詰まっている場合と，薄い層になっている場合とに分類できる．カラム状に詰まっている場合は，さらに圧力のかけ方によって分類でき，一方，薄い層になっている場合は，この薄い層が紙のようなものと，ガラスや金属の表面に微粉末を薄く塗った，本来の意味の薄層クロマトグラフィーの2つに分類できるだろう．

1・4・3　道具立ての中のアナロジー ― 分類とアナロジー発見の意義 ―

表1・2のひとつの工夫は，右端に"分析に必要な試料の量"と"道具"という項目を置いている点である．ひとつひとつの方法について道具立てを理解しておくことは，その方法を極限まで有効に使うために，重要なことだろう．

スペクトルの測定において光源，分光器，検出器は，重要な3つの道具で

ある．これらのよい組合せが，よい測定を可能にし，新らしい方法の導入が革新をもたらす．光源では，レーザーの発明が速い現象の追跡に革新的な進歩をもたらしたし，フーリエ変換によるスペクトルの記録は，短時間で精度の高いスペクトルの測定を可能にした．

ところで注意深く見てみると，非スペクトルによる方法，分離による方法，さらには化学的性質を利用する方法の道具立てにおいても，スペクトルによる方法における，光源，分光器，検出器の**アナロジー**が成り立つように思える．例えば，分離による方法であるクロマトグラフィーにおいて，注入装置は光源に，固定相（カラム）と移動相の組合せは分光器に対応しており，熱伝導計，屈折率測定装置，あるいはクロマトグラフに直結した質量分析計は，まさしく検出器に対応する．

化学的性質を利用する方法に分類される滴定などでは，光源，分光器，検出器のアナロジーは少し苦しいが，それでもそれぞれにピペット，ビュレット，指示薬を当てることができるだろう．

このような少し無理な分類は，見方を固定化させてしまう危険があるかも知れない．が，一方これまで気づかなかったアナロジーを通して，新らしい見方を生み出すことも期待させる．

若い読者には，一見非常にかけ離れたように見える現象や事象の間にアナロジーを見つけ，それによって知識を整理することを期待する．逆に，よく似た現象や事象の間に相違点を見つけ，分類を進めることも大切である．このようにして築かれた知識の体系は，創造的な仕事に大いに役立つものと思う．

これこそが，本書のタイトル"化学をとらえ直す"である．

1・5　物質構造の重層化と機能性

第三の例は，物質構造の重層化や複雑化に伴って，物性や物質の機能性が

1・5 物質構造の重層化と機能性

どのように変化するかをまとめた表1・3である．

筆者は以前，上智大学理工学部の機械工学科および電気・電子工学科の1年生を対象に"一般化学"の講義をしたことがある．

"一般化学"の講義の進め方の定番は，原子・分子の構造，周期律，無機化合物，有機化合物，…といったところであるが，このような"高校化学"の復習は，化学を専門としない学生には興味も湧かないし，また将来あまり役にも立たないであろう．なぜなら，化学を利用する非化学系の技術者は，解決しなければならない問題を大摑みに把握し，その中で化学者に協力してもらいたい事項を整理して，化学者に相談すればよいからである．そのためには細かいことより"化学に何ができ，何ができないか"を大局的に判断できればよい．

そのような観点から当時，機械工学科や電気・電子工学科といった非化学系学生を対象とする講義を行ったのである．その内容は，物質を機能材料としてとらえ

　　電子と原子核 ─→ 原子 ─→ 分子 ─→ 原子や分子の集合体である結晶

と物質構造が重層化するに伴い，その機能性がどのように変わっていくかを述べたものとなった．

この講義の内容は

　　『化学と物質の機能性 ─ 化学を専門としない学生のための化学 ─』（丸善，1995）

として出版された．

この本はタイトルにある通り，化学を専門としない学生のために書いたものである．しかし，そのような構成で化学を整理することは，化学を専門とする学生（具体的には理学部，工学部，農学部などの化学系学科の学生，特に"材料科学"を学ぶ学生など）にとっても有用なのではないかと，あるとき思いついた．そこで，化学を専門とする学生を念頭に，一覧表としてあらためて整理したものが表1・3である．

表 1・3 物質構造の

		電気伝導性	磁
電子と原子核	電子	電子は1.6×10^{-19}Cの負電荷を持ち，これが動けば電気が流れる	電子はスピンを持ち，電子1個が独立して存になっている
	原子核	原子核（あるいは正イオン）は正電荷を持ち，これが動けば電気が流れる	原子核のある種のものしかし，これは電子スく，電子スピンが中和（NMRに応用）
原 子		原子は電気的に中和しており，原子が動いても電気は流れない	原子の中では，電子はになるため，磁性が中に過ぎない 一般に不対電子は不安て対を作ろうとする．ることは難しいことが例外は遷移金属で，反に不対電子を持ち，磁
分 子		一般の分子は電気的に中和しており，分子が動いても電気は流れない	原子が分子を作るとき，われる．したがって，ない しかし原子核のスピンの原因となる
原子・分子の集合体（結晶）	金属結晶	金属結合では，電子がいくつもの原子の間を動き回っているので，その移動に基づいた高い電気伝導性が発現する 水銀などは，極低温で超伝導性を示す ケイ素，ゲルマニウムなどは，結合の相互作用によってバンド構造ができ，半導体となる	ナトリウムなどの典型鉄などの遷移金属では，方向に向けて配列し，う）と，スピンを交互示さない場合（反強磁
	分子結晶	共有結合では，電子が結合に局在しており，一般には電気伝導性を示さない グラファイトのように共役系が発達したものでは，共役系の中を電子が動くため，高い電気伝導性を示す	（分子の場合と同じ）
	イオン結晶	イオンそれ自身は電荷を持つが，結晶の中では動けないので，電気は流れない ヒ化ガリウム（俗にガリウムヒ素という）などはケイ素，ゲルマニウムと電子構造が類似し，半導体となる ある種の金属酸化物（Ba$_2$Ca$_{1~2}$Sy$_2$Cu$_{2~3}$O$_x$）は，-200〜-160℃程度の比較的高い温度で超伝導性を示す	典型金属の塩は磁性を遷移金属化合物の結晶磁性を示したり，反強Fe^{II}O，Fe$^{III}_2$O$_3$から構成を持ったFe^{III}と小さいし，全体として磁性（このような磁性をフェリ磁性と呼ぶ）を持つ（右図で長い矢印がFe^{III}のスピン，短いのがFe^{II}のスピン）

重層化と機能性

性	光の吸収と放出
これによって強い磁性が発現する． 在しているとき，それは強い磁石	我々が容易に扱うことのできる波長200～800 nmの光（近紫外～可視光）は，作用を及ぼすことができない
（例えば $^1H, ^{13}C$）は磁性を持つ． ピンによるものよりはるかに小さ されているときにのみ観測される	（電子の場合と同じ）
2個ずつスピンを逆向きにして対 和され，不対電子分の磁性を持つ 定で，分子，イオン，結晶になっ したがって，原子の磁性を利用す 多い 応に関与することの少ないd軌道 性を持つ	原子の中では，電子は特定のエネルギーを持った軌道に収容されている 光は，このような電子にエネルギーを与え，外側の空軌道に電子をたたき上げる．このとき，2つの軌道のエネルギー差に相当する波長の光が，選択的に吸収される（すなわち"色が出る"） 逆に，高いエネルギーを持った軌道に収容されている電子が，エネルギーの低い軌道に移るとき，2つの軌道のエネルギー差に相当する波長の光が放出される 原子からの光の吸収と放出は，原子に特有の色を与える
不対電子が対になるので磁性は失 一般の有機分子は強い磁性を持た に基づく弱い磁性は残り，NMR	分子の中でも，電子は特定のエネルギーを持った軌道に収容されており，光の吸収と放出については，原子の場合と同じ現象が起こる しかし，結合の形成によって電子軌道が変化するので，吸収・発光の波長は，原子の場合とは異なったものになる（すなわち，色がさまざまに変わる）
金属は磁性を持たない 磁性を持った原子がスピンを同じ 強い磁性を示す場合（強磁性とい に逆方向に向けて配列し，磁性を 性という）とがある	ケイ素，ゲルマニウムなどの単結晶は，バンド構造を形成し，特定の波長の光を吸収したり，放出したりする
	基本的に，分子の場合と同じ 分子が規則正しく配列しているため，異方性（見る方向によって色が異なる性質）が現れることがある
持たない は，スピンの相互作用によって強 磁性を示したりする されるフェライトは，大きい磁性 磁性を持った Fe^{II} とが巧妙に配列 ↑↓↑↓↑ ↑↓↑↓↑ ↑↓↑↓↑	構成要素の正負イオンの性質が現れる ヒ化ガリウム単結晶は半導体で，ケイ素，ゲルマニウムなどと類似の光挙動を示す．特に，発光性に優れている

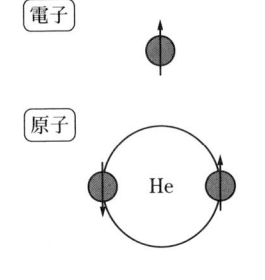

[電子] スピンを持っており，強い磁性を示す

[原子] 原子の中では，電子はスピンを逆にして対になるため，大部分の磁性が失われる

不対電子を持つ原子は，不対電子のため，磁性を示す

遷移金属の原子では，縮退したd軌道の不対電子がスピンを揃えて配置されるため，強い磁性を示す

鉄の例．3d軌道への電子の詰まり方

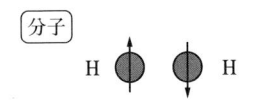

[分子] 共有結合を作るとき，電子はスピンを逆にして対になるため，一般の有機分子は磁性を示さない

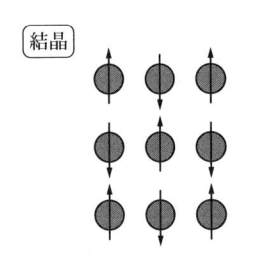

[結晶] 個々の原子が磁気モーメントを持っていても，原子が配列するとき，磁気モーメントを打ち消すように配列するため，磁性を示さないことがある（これを反強磁性と呼ぶ）

特別な条件が満たされたときには，スピンが全て同じ方向を向き，強い磁性を示す（強磁性）

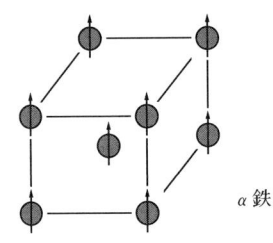

室温で安定な α 鉄は体心立方構造で，全てのスピンが同じ方向に揃っており，強磁性を示す

α 鉄

図1・3 物質構造の重層化と磁性の変化

さて，表1・3の内容について少しだけ説明をしておこう（詳しい点については，上記図書を参考にされたい）．磁性の欄を見ていただきたい．磁性は物質構造の重層化に伴って，次のように変化する（図1・3参照）．

結晶の集まり

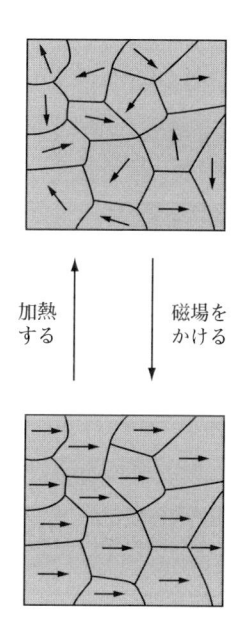

ひとつひとつの小結晶（これを磁区と呼ぶ）の中で，原子の磁気モーメントが揃っていても，いろいろな方向の磁区が集まることで，磁性は打ち消される

加熱する ↑　磁場をかける ↓

強い磁場をかけると，磁区の磁気モーメントの方向が揃い，強い磁石となる
加熱すると，再び磁気モーメントの方向がばらばらになるため，磁石としての性質が失われる

図 1·3　（続き）

① 最も基本的な化学種である電子は，1 個だけが独立して存在するときには強い磁石である．これは，電子の持つスピンのためである

② しかし，電子が原子核にとらえられ原子になると，磁性がなくなったり，小さくなったりする．これは原子の中では，電子がスピンを逆にし磁性を打ち消し合うためである

　しかし，原子の中には大きな磁性を示すものがある．鉄などの遷移金属がその例である．これは，縮退した d 軌道に電子が詰まっていくとき，フント則に従うためである

③ 一般の有機分子や，典型元素からできている無機塩は磁性を持たない．それらの中では，電子がスピンを逆にして対になっているからである

④ 鉄原子は強い磁性を持っているが，それが集合して結晶になったとき

磁石になるかというと，必ずしもそうではない．結晶を作るとき，原子が磁性を打ち消すように配列して，全体として磁石にならないことがあるためである

室温で安定な α 鉄（体心立方構造）は，768°C 以下で強い磁性（強磁性）を示すが，910 ～ 1390°C で安定な γ 鉄（面心立方構造）は，弱い磁性（常磁性）しか示さない．α 鉄の結晶の中では，全ての鉄原子のスピンの方向が揃って強い磁石になっている

⑤　しかし，我々が普段使っている鉄製品は，磁石に引き付けられることはあっても，磁石として他の鉄片を引き付けることはない．これは，鉄の塊がたくさんの小さな結晶（これを磁区という）に分かれていて，ひとつひとつの磁区は強い磁石であるのに，個々の磁区の磁気モーメントの方向が ばらばら であるために，全体として磁気モーメントが打ち消されてしまっているためである．ところが，外から強い磁場が加わると，それに引っ張られ，磁区の磁気モーメントが一方向に揃うようになる（これを磁化という）．このような状態で鉄の塊は強い磁石になる．これは，我々が日常経験することである．鉄釘は，そのままでは磁石にならない．しかし強い磁石に触れさせておくと磁化され，他の鉄製品を吸い付けるようになる

⑥　鉄（広くは遷移金属）を含んだ化合物（遷移金属錯体など）は一般には磁性を持つ．ただし，磁化率は化合物によって大きかったり小さかったりする．これは金属の周囲の環境によって d 軌道の縮退が解け，d 軌道における電子の配置が変化するためである（こうした現象を扱うのが，配位子場の理論と呼ばれるものである）

このように磁性は，物質構造の重層化に伴って出現したり，隠れたり，大きくなったり，小さくなったり，さまざまな現れ方をする．

電気伝導性，光学的性質（表 1・3 では光の吸収と放出，すなわち色についてだけ取り扱ってある）などについても，構造の重層化との関連が見られる．

本章で述べたように，化学現象を高い立場から系統づけて整理することは，化学の理解と応用に大いに役立つものと思う．

第2章

いろいろな角度からものを見よう
── 酸化・還元の場合を例に ──

　酸化と還元は，中学校や高等学校のときからお馴染みの概念であろう．化学系学科の3年生や4年生になって，いまさら酸化・還元でもあるまいと思われるかも知れない．しかし，酸化と還元は奥が深い．
　前章の展開のひとつとして，酸化・還元を多面的に，いろいろな角度から見てみよう．

2・1 酸化はどこで起こっているか？

トルエンに塩素を通じながら光を当てると（塩素の代わりに臭素を加えて光を当てても，類似の反応が起こる），トルエンの側鎖のメチル基の水素が順次塩素に置換されてクロロメチルベンゼン，ジクロロメチルベンゼン，トリクロロメチルベンゼンが生成する．ところで，これらの塩素化合物を加水分

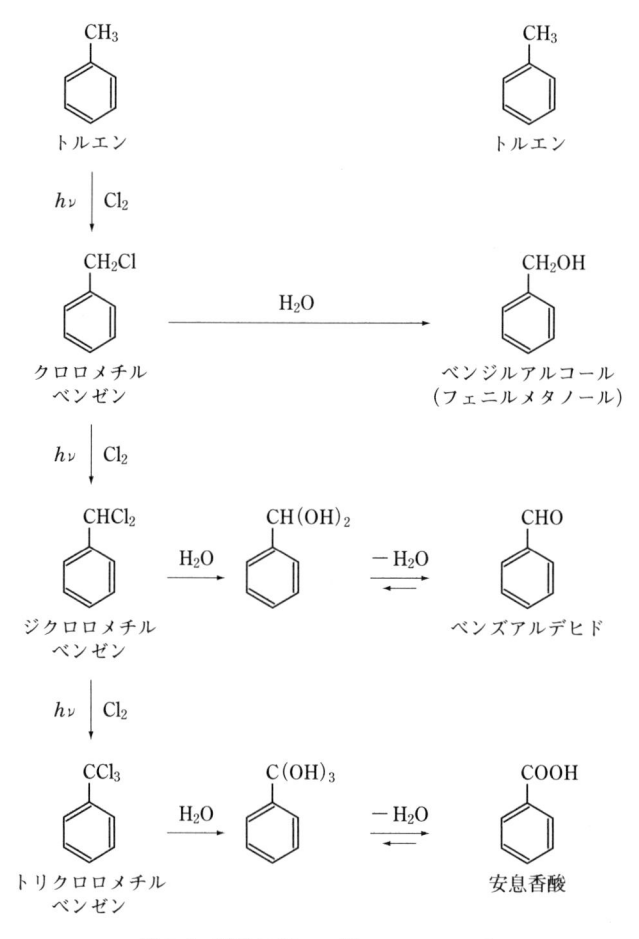

図2・1 酸化はどこで起こっているか？

解すると（実際には，炭酸ナトリウムの水溶液で処理する），クロロメチルベンゼンからはベンジルアルコール（フェニルメタノール）が，ジクロロメチルベンゼンからはベンズアルデヒドが，トリクロロメチルベンゼンからは安息香酸が得られる（図2・1）．

トルエン ⟶ ベンジルアルコール ⟶ ベンズアルデヒド
⟶ 安息香酸

の系列は，**酸化が一段階ずつ進んでいく**ことを示している．しかし，この反応は

塩素置換 ⟶ 加水分解

の組合せで構成されている．**酸化はあからさまには含まれていないように見える**．しかし，実際には酸化が起こっている．**酸化はどの段階で起こったのだろうか？**

加水分解は酸化でも還元でもない．とすると酸化は，塩素置換の過程で起こっていなければならないことになる．水素が塩素に置き換わることが酸化に相当しているのである．

このことは，水素分子の塩素分子による酸化

$$H_2 + Cl_2 \longrightarrow 2\,HCl$$

を考え，ここに現れる2分子の HCl を2つに分けて，上述の反応との間で，以下のような対応を考えればよいであろう．

$$H_2 + Cl_2 \longrightarrow HCl + HCl$$

$$CH_3\text{-}C_6H_5 + Cl_2 \longrightarrow CH_2Cl\text{-}C_6H_5 + HCl$$

金属鉄と塩素ガスの反応による塩化鉄(III) $FeCl_3$ の生成と，加水分解による酸化鉄(III) Fe_2O_3 の生成は，上述の反応中の

の系列に対応している．

トルエン ⟶ クロロメチルベンゼン ⟶ ベンジルアルコール

$$2\,Fe + 3\,Cl_2 \longrightarrow 2\,FeCl_3$$

$$FeCl_3 + 3\,H_2O \longrightarrow Fe(OH)_3 + 3\,H^+$$

$$2\,Fe(OH)_3 \longrightarrow Fe_2O_3 + 3\,H_2O$$

以上の例からわかることは，置換反応と酸化反応はお互いに排除するものではなく，反応の見方の違いであるということである．だから，トルエンの側鎖メチル基の塩素化は置換反応であって，かつ酸化反応である．

同様に，置換反応が還元反応になっている例ももちろんある．$LiAlH_4$ をクロロメチルベンゼンに作用させると，Cl → H の置換が起こると同時に還元も起こっている．

付加反応でも同じことがいえる．アルケンに対する H_2 の付加は還元であるが，O の付加（過酢酸との反応．実際には，過酸化水素と酢酸を反応させる）は酸化である．

以上見てきたように，酸化・還元は，他の形式の反応と共存し得るものであった．しかし一方

置換，付加，脱離，転位

2・1 酸化はどこで起こっているか？

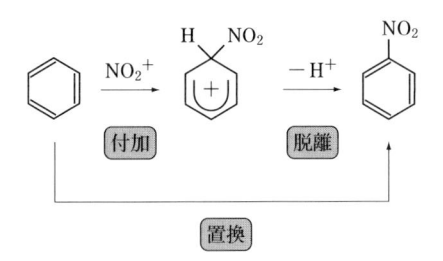

図 2・2 置換，付加と脱離

表 2・1 酸化・還元の実験的方法の比較
(a)

	酸　化	還　元
試薬による方法	酸化数の高い化学種 高酸化状態の金属あるいは非金属化合物 $KMnO_4$, $K_2Cr_2O_7$ H_2O_2, O_3	酸化数の低い化学種 金属(Na, Mg, Zn, Fe, Sn など) 低酸化状態の金属化合物 　(Cu^{2+}, Fe^{2+} など) 金属水素化物
気体と触媒との組合せによる方法	O_2 と触媒 触媒として用いられるもの 　$\begin{cases}$不均一触媒$\\$均一触媒$\end{cases}$	H_2 と触媒 触媒として用いられるもの 　$\begin{cases}$不均一触媒 (Pt, Ni)$\\$均一触媒$\end{cases}$

(b)

	試薬による方法	気体と触媒との組合せによる方法
長所	① 特別な技術が必要なく，誰がやってもうまくいく ② 特別な装置が不要	① 触媒を作るのに技術やコツが必要 ② 特別な装置が必要（特に高圧のH_2, O_2 を用いる場合）
短所	① 反応混合物から目的物質を取り出すのに，分離操作が必要	① 反応後，触媒を沪過し溶媒を除去するだけで，ほとんど純粋な生成物が得られる ② いったん装置を作ると，連続運転で，大量に製造することができる
	どこでも行うことができ，また簡便なので，繰り返し行う必要がない場合（実験室での研究など）に利用される	連続運転に向いているので，大量生産の工場で利用される

という反応の分類は，反応形式(すなわち，反応物と生成物との関係のこと)において，かなり境界のはっきりとしたもので，全ての反応は，そのいずれに属するかが分類できる．

しかし反応機構まで考えると，図2・2のように，置換反応が付加-脱離の連続になっているといったように，ここでも重なり合いが見られる．

2・2 酸化・還元反応の実行

第1章では，表を3次元，4次元，…に立体化することを述べたが，逆に，その一部だけを取り出して詳しい表を作ることもできる．

その簡単な例を表2・1に示そう．これは，有機化学における酸化と還元の実験的方法を，実際にモノを作ろうとする立場から整理・比較したものである．

この表は，合成反応を行う場合に，どのような試薬・方法を用いれば目的が達成されるか？　また目的達成のためにいくつかの方法が可能なとき，何を選ぶのが最適か？　を判断する場合などに役立つだろう．

第3章

数式の奥に潜むもの
―化学現象における線形性―

　自然現象は，物理量が測定され，数値化された後，数学的に処理されて法則に昇華する．

　法則は美しい．しかし，いったん法則が確立し，それが数式として与えられてしまうと，多くは，その数式を使った計算技術の習得に精を出すようになり，法則の精神が忘れられるようになる．

　ここでは原点に立ち帰って，数式の奥にある現象の意味をよく玩味してみることにしよう．

3・1　法則のアナロジー

　化学現象において，温度・圧力など物質の置かれた環境条件，物質量・濃度・体積など物質の量，それに物性値（蒸気圧，溶解度，電気伝導率，誘電率，磁化率，屈折率など）や反応速度・平衡定数など化学的性質を示す数値，それらの間に，きれいな数学的関係が見出されることがある．これが"法則"と呼ばれているものである．

　化学には重要な法則が数多くある．その中には，異なった現象を扱っているにもかかわらず，同じ形の関係式で表現されるものがある．例えば，浸透圧に関するファント・ホッフ（van't Hoff）の式と，理想気体の状態方程式〔すなわち，ボイル-シャルル（Boyle-Charles）の法則〕である．

　さて，いま，ある物質を溶かした溶液と純粋な溶媒とが，溶媒分子だけを透過する半透膜により隔てられているとき，溶液の方の液面が高くなるという現象を考えよう．すなわち，図3・1の左の溶媒の側から半透膜にかかる圧力が，右の溶液の側から半透膜にかかる圧力より大きく，それが液面の高さの差 h となって現れるという現象である．液面の差に相当する圧力差を浸透圧 Π（$\Pi = \rho g h$ の関係が成り立っている．ただし，ρ は溶液の密度，g は重

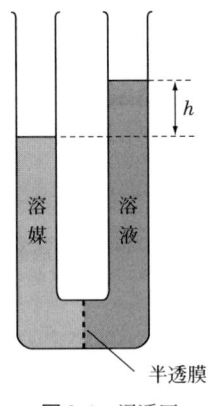

図3・1　浸透圧

力加速度）といい，以下の浸透圧に関するファント・ホッフ（van't Hoff）の式で与えられる．

$$\Pi V = nRT$$

ただし Π，V は，それぞれ溶液の浸透圧，溶液の体積，n，R，T は，それぞれ体積 V の溶液中に溶けている溶質の物質量，気体定数，温度である．すでに気づいたことと思うが，この式は理想気体の状態方程式〔ボイル-シャルル（Boyle-Charles）の法則〕

$$PV = nRT$$

と全く同じ形をしているのである（ただし，P は気体の圧力，V は気体の体積，n は気体の物質量）．

この事実は，これら2つの現象の背後に，共通の論理，因果関係があることを示している．

現象の蔭に隠れている本源的なものを，広い視野で把握することが，応用力のある知識といえるだろう．

3・2　化学現象における線形性

数学的関係の中で最も基本的なものは，比例関係（もう少し広くいうと，**線形性**）である．化学においては，物質の濃度（あるいは物質量）と化学現象の間の関係が重要である．混合物中のある成分の量・濃度を決定する定量分析は，化学の基本的な技法で，これなしには物質をまともに扱うことなどできはしない．

しかし化学現象においては，物質の仕込み濃度と化学現象との間に線形性が成り立たない場合も多い．その大きな原因のひとつは，化学現象では化学平衡が絡んできて，その現象を起こす化学種の濃度が，必ずしも仕込み濃度と一致しないためである．

最も簡単な例は，弱酸の水溶液の酸性の強さ（すなわち，H^+ の濃度）が，

仕込んだ酸の濃度に比例しないということである．すなわち化学平衡が絡んでくる場合には，ひとつの化学種の濃度を2倍にしても，それから生ずる化学種の濃度は2倍にはならないということである．化学現象では，化学平衡が関係することが多いので，濃度との，見えやすい"単純な"線形の関係が成り立たず，面倒な計算を強いられることになる．

こうした面倒な計算は化学者にとっても頭の痛いものであるが，同時に，格好の試験問題ともなるので，学生にとっても苦労のタネである．

化学平衡が関係しない場合には，広い範囲で濃度と化学現象との間に線形の関係があってもよさそうだが，事実はそう簡単ではない．

最近は，科学と技術の広い分野で非線形性や，それに基づいた非線形現象が注目を浴びるようになってきた．**非線形現象**とは，外から与えられた刺激の強さと，刺激を受けた系が示す応答の強さが線形の関係にない現象のことである．"フラクタル"や"カオス"といった言葉を目にし，耳にした読者も多いことだろう．分化といった，マクロに観察される生命現象などに非線形性が重要な役割を果たしていることが明らかになっているし，人間の行動を解析する社会科学（例えば社会学，経済学）においても非線形性が注目されている．

では，化学の領域ではどうだろうか？

すでに述べた化学平衡に基づく非線形性は，上で話題にした現在注目の非線形性とは，その原因が異なり，"非平衡"が原因となって生ずる現象である．生体内の酵素反応に非線形性が指摘されており，非線形現象は，化学の領域でも注目度を増している．しかし，ここでそれを論じだすと複雑になりすぎるので，本書の付録（79ページ）でこの問題を扱うことにする．

実際，平衡が問題にならない場合でも濃度と物性値，あるいは反応性の指標値との間に線形の関係が成り立たない場合がある．代表的な例を，光の吸収に関するベール（Beer）の法則について考察してみよう〔実際には以下では，溶液の濃度だけでなく，液厚との関係も含めて議論する．この場合はランベルト-ベール（Lambert-Beer）の法則と呼ばれる〕．この法則を表す関係

3・2 化学現象における線形性　　　33

式は，一次反応の速度式と同じ形をしている．このことについては，3・4節で扱う．

3・2・1　光の吸収と放出 ─ 同じように見えても線形性が成り立つ場合と成り立たない場合 ─

　物質は，あるときは光を吸収し，あるときは光を放出する．身の回りのものに色がついて見えるのは，光が物質を透過したり，物質で反射したりするとき，物質に吸収された残りの光（これは，吸収された光の補色である）が我々の目に入ってくるからである〔図3・2(a) 参照〕．一方，光の放出の例としてはネオンランプやナトリウムランプの発光，それに炎色反応などがある．このように，ものが光を出しているのは，外からエネルギーを供給さ

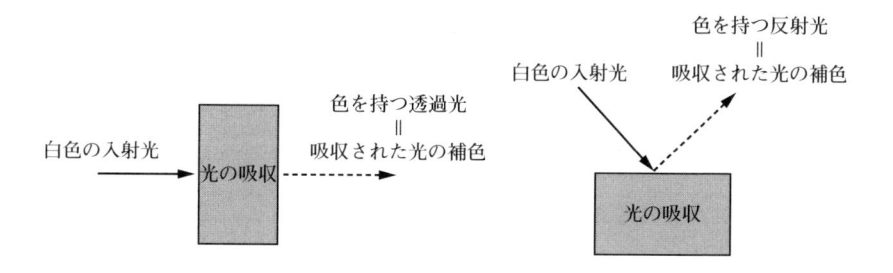

(a)　光の吸収．ものに色がついて見える仕組み

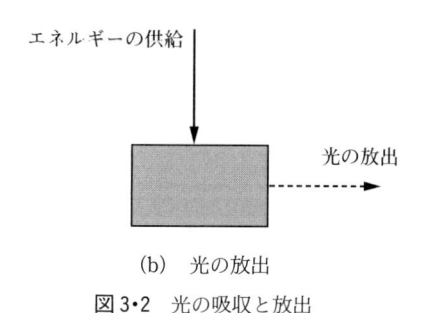

(b)　光の放出

図3・2　光の吸収と放出

れ，エネルギーを持った原子・分子が，光の形でそのエネルギーを放出しているからである〔図3・2(b) 参照〕．

ところで，日常よく使う学用品のひとつに蛍光ペンがある．これは薄暗いところで見ているときと，明るい日の光の下で見ているときとでは色が違って見える．薄暗いところで見ているのは透過あるいは反射の光であり，日なたで見る色は発光に基づいたものだからである．

発光と光の吸収は，いわば裏と表の関係にある．しかし，ひとつの大きな違いは，発光の場合，発光に関与する原子・分子の濃度と発光強度とが線形の関係にあるのに，吸収の場合には，吸収に関与する原子・分子の濃度と吸収される光の量とが線形の関係にないことである．

3・2・2　隠された線形の関係 ― ランベルト-ベールの法則 ―

光の吸収を考えよう．いま図3・3に示すように濃度 c，液厚 l の溶液に，I_0 の強度の光が入射し，溶液の中を通って I_f の強度になって出ていくとする．

溶液の中で吸収される光は $I_0 - I_f$ である．単純に考えると，$I_0 - I_f$ が濃度 c に比例してよいように思える．しかし，実際にはこうはならず

$$I_f = I_0 \times 10^{-\varepsilon c l}$$

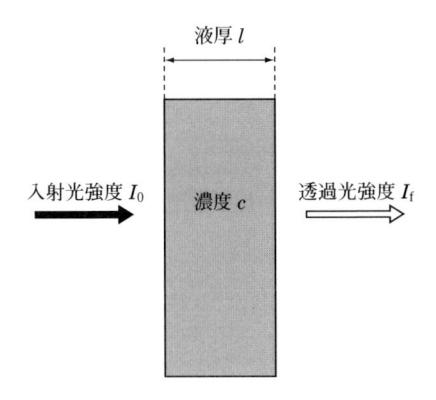

図3・3　ランベルト-ベールの法則

の関係が成り立っている．これを変形すれば

$$\log_{10}\frac{I_\mathrm{f}}{I_0} = -\varepsilon cl \tag{3.1}$$

の関係が得られる．ε はモル吸光係数と呼ばれる物質に固有な定数である*．

すなわち式 (3.1) に示したように，光吸収において，溶液の濃度 c および液厚 l に比例するのは，$I_0 - I_\mathrm{f}$ ではなく，$\log_{10}(I_\mathrm{f}/I_0)$ という，透過光強度を入射光強度で割った値のさらに対数をとったものになる．これが，**ランベルト-ベール**（Lambert-Beer）**の法則**である．

指数関数，対数関数の底としては e をとることが理にかなっている．したがって，上の関係式も

$$I_\mathrm{f} = I_0 \times e^{-\varepsilon' cl}$$

$$\ln\frac{I_\mathrm{f}}{I_0} = -\varepsilon' cl$$

という形で書く方が自然なのだろう．しかし分光分析の習慣では，底を 10 にとる．底を 10 にとったときと，e にとったときとでは比例定数の値が異なるが，その間には比例関係

$$\varepsilon' = \varepsilon \times \ln 10$$

があり，ランベルト-ベールの法則自体の意味は変わらない．

それではなぜ，ここで指数だとか対数だとかが現れてくるのだろうか？　そこでは"線形性が隠されている"．濃度に関するベールの法則についての説明はやや厄介であるので，まず，液厚と光強度に関するランベルト (Lambert) の法則について説明しよう．

図3・4を見てほしい．いま，光の入射面から x の距離にある厚さ $\mathrm{d}x$ の薄い溶液層を考える．光は x まで来る途中で吸収され，その強度は I_0 から I に減少してしまっている．さらに，薄い溶液層 $\mathrm{d}x$ を通るときに $\mathrm{d}I$ だけの光が吸

---

* この値はもちろん，光の波長によって変化する．また一般には，液厚 l は cm で，濃度 c は mol dm^{-3}（または mol/l）で表される．

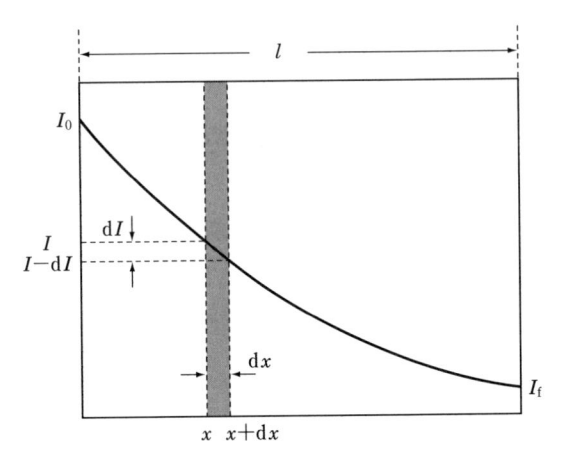

図3・4 ランベルトの法則

収されるとする．このとき，比例定数を k として

$$-\frac{dI}{dx} = kI$$

$$-dI = kI\,dx \tag{3.2}$$

が成り立つ．これがランベルトの法則である．すなわち薄い溶液層では，吸収される光 $-dI$ ("減少する"のであるから"マイナス"符号が付く) は，そこに到達した光の強度 I と微小距離 dx とに比例する．微小空間で線形の関係が成り立つことを，本書では**"隠された線形の関係"**あるいは"線形性が隠されている"と呼ぶことにする．

ここで，くれぐれも注意しておかねばならないことは，式 (3.2) において

$$-\frac{dI}{I} = k\,dx \tag{3.3}$$

が成り立つから，dx と線形の関係にあるのは $-dI$ そのものではなく，$-dI/I$ であるということである．

式 (3.3) を積分すると

$$I = I_0 \exp(-kl) \tag{3.4}$$

3・2 化学現象における線形性

$$\ln\frac{I}{I_0} = -kl \tag{3.5}$$

となる．これが，マクロな形のランベルトの法則である．

同じことは，濃度を c から dc だけ変化させたときの光強度の変化についても成り立つ．比例定数を k' として

$$-\frac{dI}{I} = k'\,dc \tag{3.6}$$

すなわち，dc という微小濃度範囲において成り立つ線形の関係がベールの法則である．この式 (3.6) を積分すると

$$I = I_0 \exp(-k'c) \tag{3.7}$$

$$\ln\frac{I}{I_0} = -k'c \tag{3.8}$$

となる．これら2つの式は，液厚と光強度に関するランベルトの法則を表す式 (3.4)，(3.5) と同じ形をしている．

そこで，液厚に関するランベルトの法則と濃度に関するベールの法則とを1つにまとめて，以下のように書くことができる．

$$I = I_0 \exp(-\varepsilon'cl) \tag{3.9}$$

$$\ln\frac{I}{I_0} = -\varepsilon'cl \tag{3.10}$$

ただし，比例定数を ε' とした．

ところで化学では，e を底とする自然対数ではなく，10 を底とする常用対数を用いるのが習慣になっているので，比例定数を ε とし，式 (3.9)，(3.10) を書き直すと

$$I = I_0 \times 10^{-\varepsilon cl}$$

$$\log_{10}\frac{I}{I_0} = -\varepsilon cl \tag{3.11}$$

これが，式 (3.1) で示した**ランベルト–ベールの法則**である．

以上により，光の吸収を表すランベルト–ベールの法則において，指数や対数が現れてくる理由が理解できただろう．

3・3 旋光性，発光とNMR

光の吸収と似た現象でありながら，濃度との間に線形性が成り立つ場合がある．旋光度や屈折率の大きさ，また光吸収と逆の現象である発光の強度などがこの例である．一方，光の吸収と同じ現象でありながらベールの法則に従わず，線形性を示すものもある．NMRがそれである．

本節ではこれらの関係を，もう少し詳しく見ていくことにする．

3・3・1 旋光度と発光強度

光学活性物質を含む溶液に偏光を通すと，透過光の偏光面が $a°$ だけ回転する（図3・5）．旋光度 a は，溶液の濃度 c と溶液の厚さ（液厚）l に対して線形の関係にある．すなわち

$$a = [a]_0 \, cl \tag{3.12}$$

が成り立つ．ここで $[a]_0$ は比例定数で，単位濃度*，単位液厚**における旋光度である．この値は比旋光度と呼ばれている．

式 (3.12) から明らかなように，a は，濃度 c に対しても液厚 l に対して

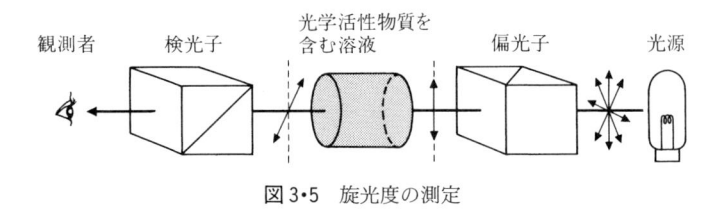

図3・5 旋光度の測定

---

* 旋光度を考える場合には，1 cm³ に含まれる溶質の質量という特殊な濃度の単位を用いる．

** 単位濃度と同様に，これも旋光度を考える場合には特別で，10 cm を単位とする．

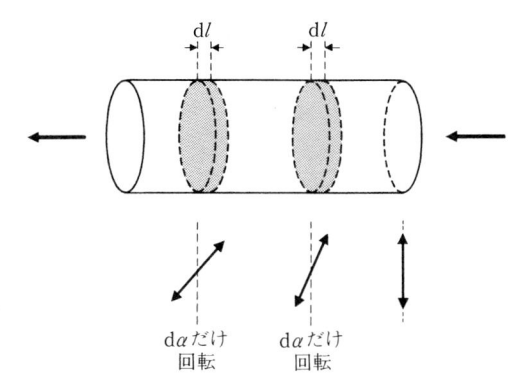

図3・6 旋光度の場合に，線形の関係が成り立つ理由．溶液の各層 dl で，同じ大きさだけの偏光面の回転 $d\alpha$ が起こっている．したがって，偏光面の回転角の合計は液厚と線形の関係になる

も線形の関係にある．光吸収の場合と比べ，これはなぜだろうか．

　光吸収の場合は，溶液中を光が進んでいくのに従って，光の強度が低下していき，このため溶液の各層での光吸収が一定にならない．式 (3.3) について，"$-dI/I$ に対して線形であることに注意"といったのはこのことである．これに対し旋光度の場合は，図3・6に示すように，溶液の各層で，同じ大きさだけの偏光面の回転が起こっている．これが線形の関係を成立させる原因になっている．

　光の吸収と逆の現象である発光についても，旋光性の場合と同じように線形の関係が成り立つ．この場合は発光の強度と，光を発している化学種の濃度との間の線形の関係である．図3・7に示したように，外からのエネルギー供給によって系の中に，濃度に比例した数の発光性の活性種がまんべんなく生成し，それが光る．こうして線形の関係が成り立つ．

　以上見てきたように，線形の関係が成り立つのは，観測している現象が化学種によって，化学種の濃度と線形の関係をもって起こる現象そのものである場合であるといえる．

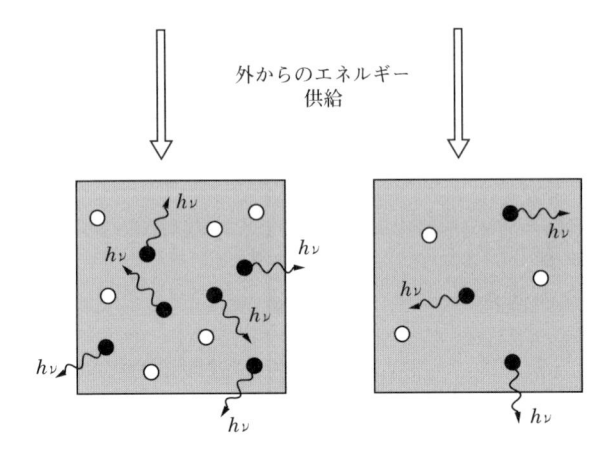

図 3・7 発光の原理．系中に存在する分子が一定の割合で活性化され，それが光る

3・3・2　NMR の吸収強度

NMR の測定をしたことのある読者は多いことと思う．実際に器械を動かしたことはなくても，演習や実験で，その解析は経験していることだろう．

NMR は構造決定（定性分析）のほかに，定量分析にもよく用いられる．これは NMR の吸収スペクトルの積分値（要するに，吸収ピークの面積）が，その吸収に関わった核種の数と線形の関係にあることを利用する分析手法である*．これまでのいい方に直せば，吸収強度と濃度との間に線形性が成り立つことを利用するのである．この吸収強度と，その吸収の原因となっているプロトンの数との間の線形の関係は，分子内についても分子間についても成り立つ．分子内の問題に適用すれば，分子内のそれに帰属されるプロトンの数がわかり，分子構造の決定に大きな情報を与えてくれる．分子間の問題に適用すれば，混合物の濃度比を求めることができる．

ところで，電磁波の吸収という同じ原理に基づきながら，紫外・可視領域

---

* ESR（電子スピン共鳴）についても同様である．ESR の吸収ピークの面積も，ラジカル種の数と線形の関係にある．

図 3・8 実際の NMR のチャート

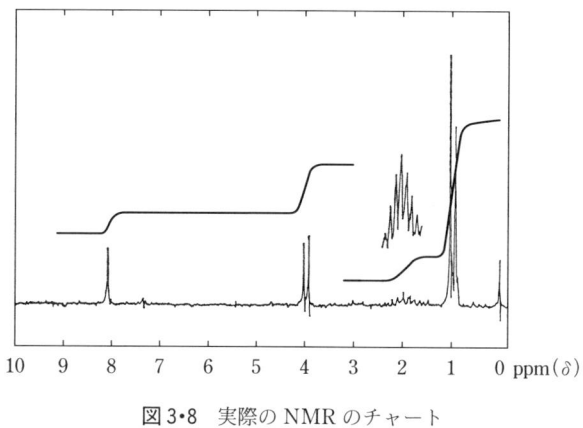

の電子スペクトルでは，吸収強度と濃度との間に単純な線形の関係が成り立たず（3・2・2 項参照．すなわち，ランベルト-ベールの法則が成り立っていた），NMR では，単純な線形の関係が成り立つ．これはなぜだろうか？

紫外・可視領域の光吸収では，$\log_{10}(I_0/I)$ が濃度に比例する．このことは電磁波の吸収については一般に成り立ち，赤外領域の吸収についても同じことがいえる．

しかし，NMR ではこの関係は成り立たない．NMR では吸収強度（つまり，吸収ピークの面積）が，吸収の原因となっている原子（あるいは原子核）の数（すなわち濃度）と線形の関係にある．我々は，吸収ピークの面積を重要な情報源に分子の構造を推定し，また，混合物中の成分の定量分析を行う．

NMR も電磁波の吸収という同じ原理に基づいているのだから，吸収強度と濃度との関係を考える場合に，対数をとるなどの処置が必要なのではないだろうか？

実は，ランベルト-ベールの法則は，NMR でも成り立っている．しかし両者の間には，次のような違いがある．すなわち，紫外・可視領域の光吸収においては，ランベルト-ベールの法則（特に，l についてのランベルトの法則）

が"マイクロメートルという単位の領域"で成り立つのに対し，NMR では，その成立を"メートルという単位の領域"で考えなければならないのである．これは両者において，それぞれ分子と相互作用する電磁波の波長の違いに基づくものである．

紫外・可視領域においては，その波長は数百 nm（いいかえれば $0.1\,\mu$m のオーダー）である．そこでは，およそ 1 波長分に対応するマイクロメートル単位の領域でひとつの"世界"ができ，その中で，分子との相互作用が起こる．

一方，NMR では周波数 100～1000 MHz の短波が用いられ，例えば 1000 MHz の短波の波長は 0.3 m である．すなわち NMR では，メートル単位の領域がひとつの"世界"を形づくっている．つまり，ランベルトの法則の成立は，メートル単位の領域で考えられなければならないのである．

しかし，このメートル単位の領域に対し，NMR 測定のための試料管（NMR 管）はあまりにも小さい．NMR の世界では，メートル単位の長さが，図 3・4 の微小距離 dx に相当する．すなわち，線形の関係が成り立つ微

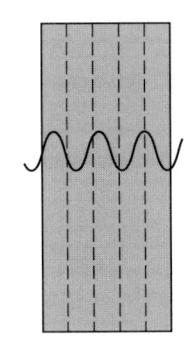

(a) 紫外・可視領域吸収測定のセル．吸収する電磁波の波長が短いので，セル全体がたくさんの微小空間に分かれる

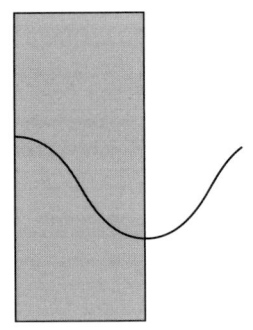

(b) NMR 測定のセル．吸収する電磁波の波長が長いので，セル全体が 1 波長の中に入ってしまう．セル全体がひとつの領域になる

図 3・9　NMR でランベルト-ベールの法則が適用されない理由

小領域の中にNMR管がすっかり収まっていることになる．つまり，NMRでは"隠された線形の関係"がマクロに成り立っているのである．

このような理由により，NMRでは吸収強度と，吸収の原因となっている，NMR管の中のNMR活性な原子（あるいは原子核）の数との間に線形の関係が成り立つのである．

3・4 一次反応の速度式

ランベルト-ベールの法則の式（3.9）と，以下に示す一次反応の速度式（3.13）とは同じ形をしている．ここで一次反応とは，初期濃度 c_0 の物質が，時間 t だけ経って濃度 c になったとき，次の関係が成り立つような反応のことをいう．

$$c = c_0 \exp(-kt) \tag{3.13}$$

k は一次反応の速度定数と呼ばれる．

ランベルト-ベールの法則は光強度と濃度，あるいは液厚との関係であったが，一次反応の速度式では，これが濃度と時間との関係になっている．しかし，指数関数で示される関係は同じである．

これは，一次反応においても"隠された線形の関係"が成り立っているからである（図3・10）．すなわち微小時間 dt と，その間の濃度変化 dc との間に，式（3.2）に対応する以下の関係が成り立っているのである．

$$-dc = kc\,dt \tag{3.14}$$

一次反応の速度式は，放射性同位体の壊変の速度式とも一致する．

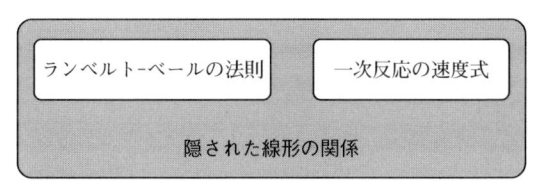

図3・10 ランベルト-ベールの法則と一次反応の速度式

第4章

実験器具は使いよう
― 実験器具の利用と
新らしい工夫 ―

　科学の目的は自然法則を発見し，さらにその成果を人類や人類を含めた地球環境に有用な技術へと渡していくことだろう．

　自然法則の解明，有用な技術の開発のためには理屈だけではだめで，それを実行するための道具立てが必要である．

　大がかりな装置に限らず，ちょっとした実験器具も，先達の知恵の結晶である．それらを使うときは，そうした器具が生み出されてきたことの意味を考え，適切に使用するとともに，新らしい工夫で，よりよいものを作っていこうという姿勢が必要だろう．

4・1　化学の進歩と実験技術

　科学と技術の展開のためには，観測と実験が必要である．科学の発展は，新らしい概念を作り出すこと（すなわち，法則の発見）によって成し遂げられる．自然現象の基にある法則性はまず，仮説として研究者の頭の中に宿る．仮説は実験によって証明されなければならない．

　研究者は，仮説を証明するために最も適切な実験を計画する．その際，手に入れることのできる最高の装置を使って，最高のデータを得る必要のあることがしばしばである．実験装置や観測装置が，科学の進歩を決定した例は

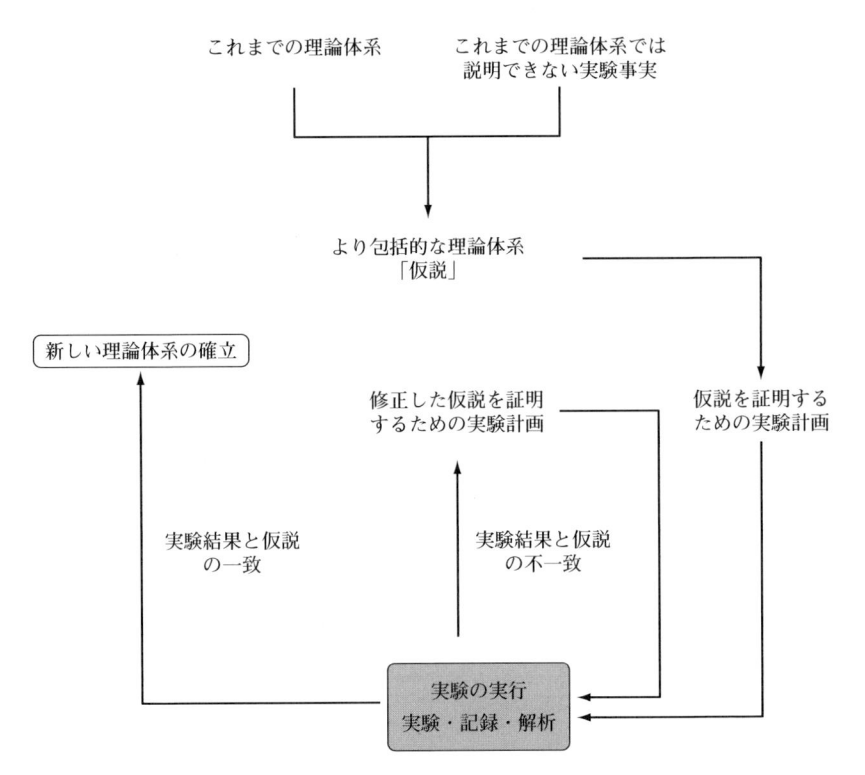

図4・1　科学の進歩と実験の関わり

天文学や古典力学の建設における望遠鏡，微生物学における顕微鏡の役割を考えれば明らかだろう．化学では，てんびんの進歩が大きな役割を果たしてきた．

そこまで大きなことをいわないでも，日常使う実験器具に，その器具を考案した科学者の名前が付けられていることを見れば，便利な実験器具の発明が，科学の進歩に重要な意味を持っていることがわかるだろう．そのような例としてリービッヒ（Liebig）冷却管，クライゼン（Claisen）フラスコ，ブンゼン（Bunsen）バーナー，ブフナー（Buchner）漏斗などが，すぐに頭に浮かぶ．

化学の専門家として認められるためには，実験技術に習熟していることが条件になる．実験技術の高低は，実験器具の扱いの上手・下手によるところが大きい．実験器具を十二分に駆使し，手際よく実験をする人を見ると惚れ惚れする．

実験器具と我々との関わり合いには，次の段階があるだろう．
① 実験器具の正しい使い方を体得する
② 破格な使い方ではあるが，自分の研究目的に合った使い方をする
③ 自分の仕事に適切な，新らしい器具を作り出す

初心者はまず，実験器具の正しい使い方（これは，長い歴史の中で合理的に磨き上げられている）を身につけることである（知識としてではなく，自然に体が動くようにする）．名人になると，思いもかけない面白い使い方を考え出し，また新らしいアイディアで，新らしい器具を作り出す．便利な器具に，考案者の名前が付けられているものが多いことは，すでに述べた通りである．

ところで化学系の学生は，長い時間をかけて実験技術を習得する．実験・実習科目にあてられる時間数が，講義科目の時間数より多いことさえあるだろう．

このような"化学"において，実験は，物理化学実験，有機化学実験，無機化学実験，分析化学実験などに分かれている．そのそれぞれで基本操作の

お作法を学ぶのだが，同じ操作でも，分析化学実験と有機化学実験とでは器具も違うし，やり方も異なることがある．

しかしそれらは結局，あるひとつの"原始的な"器具・方法が，それぞれの目的に応じて，合目的的に進化してきたものに過ぎず，それぞれの場合の差異ではなく，その"進化の動機づけ"を理解することこそが大切なのである．そこから面白い器具の使い方，新らしい器具の発明といった創造的な仕事が生まれてくることもあるだろう．これもまた，"化学をとらえ直す"ということなのである．

あまり高い意識を持たず，お義理で実験をこなすということになると，テキスト通り，機械的に手を動かしているだけで，ひとつひとつの装置や操作の意味が理解されず，結局，一年も経たないうちに実験をどうやったか忘れてしまう．これではいけないのである．

次の4・2節では，多くの実験において必要となる"沪過"という基本操作を取り上げ，いろいろな沪過の器具（漏斗）について，そのオーソドックスな使い方（いわゆる，正しい使い方）と，一見邪道のように見えるが便利な使い方について見ることにする．

4・2 沪過のいろいろ

4・2・1 一般の沪過の方法

沪過という操作は，固体物質を液体から分離するのに広く利用される．例えば無機イオンの定性分析を行おうという場合，あるいは無機塩の沈殿の重量分析を行う場合，さらには合成した有機化合物を分離・精製しようという場合などである．しかし，このとき，それぞれの場合で行われる操作と，そこで用いられる漏斗とは，いずれも少しずつ異なっている．図4・2にいろいろな形の漏斗を示した．

無機イオンの定性分析や定量分析には，普通の漏斗が用いられる．沪紙を

4・2 濾過のいろいろ

漏斗　　　長脚漏斗

ピカール管を
付けた漏斗

ブフナー漏斗　　　目皿漏斗

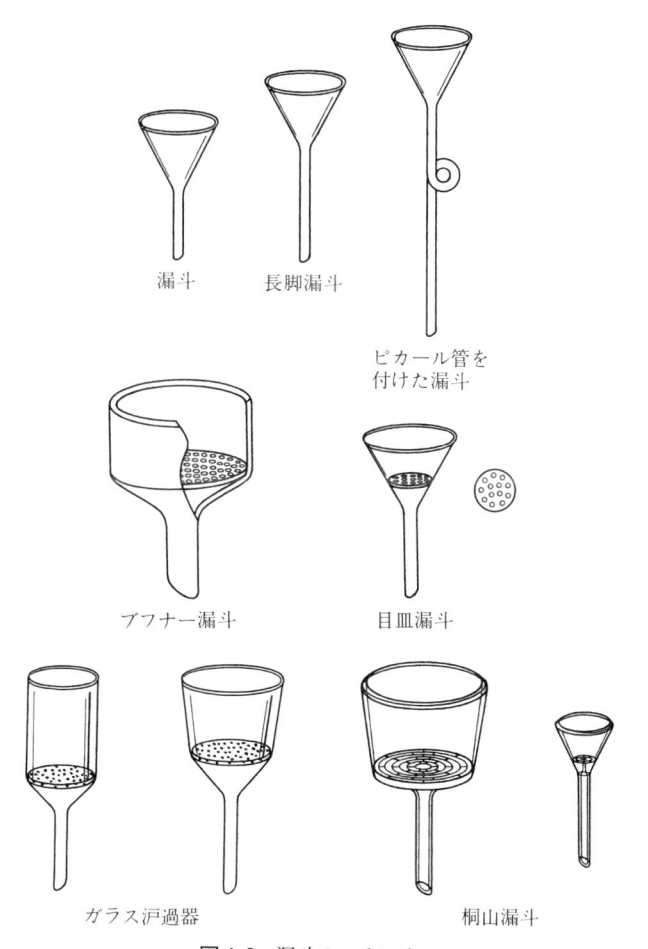

ガラス濾過器　　　　　　桐山漏斗

図 4・2　漏斗のいろいろ

図 4・3 のように折って，漏斗の壁に密着させ，濾紙と漏斗との間や漏斗の脚に空気が残らないようにして濾過する．

　有機合成（あるいは，金属錯体などの無機合成）においても，濾過は最も基本的な操作である．この場合にはブフナー漏斗が用いられ，図 4・4 のような器具の組合せで濾過が実行される．

　このように，無機分析の場合の濾過と有機合成の場合の濾過とでは道具立

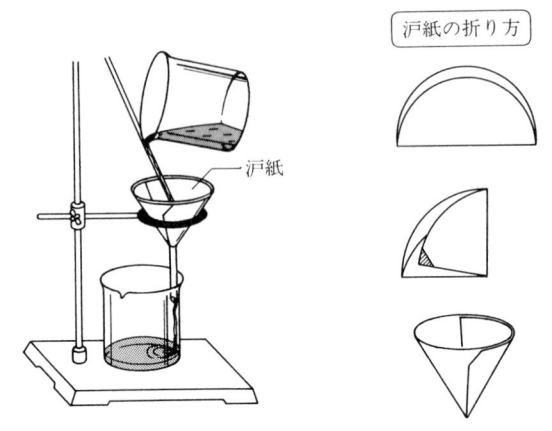

濾紙は少しずらして折り，最後に端をちぎる．
このようにすると，漏斗に密着する

図 4・3　無機イオンの定性分析，定量分析での濾過

ても違い，また，無機分析では，ゆっくりと自然に任せて濾過が行われるのに，有機合成では，水流ポンプの助けを借りて，せかせかと濾過が行われる．

　それでは無機分析と有機合成，それぞれの場合で行われる濾過の間に原理的な違いはあるのだろうか？　筆者は"基本的な考えには全く違いがない"のではないかと思う．

　濾過とは，そもそも"液体と固体の双方が混ざらないように，また双方ができるだけ小さな塊になるようにきれいに分離し，さらに固体物質に付着している不純物を，固体物質が溶け去らないように注意しながら洗い流す"という操作であり，これは無機分析，有機合成の場合のいずれにも同様である．図 4・3，4・4 には濾過の操作手順も図解したが，ふたつの場合とも"沈殿や結晶をいかにコンパクトに濾紙上に移すか"，また"いかに沈殿や結晶を減らすことなく効率よく洗うか（そのためには，少量の溶媒を有効に用いて洗浄する必要がある）"が問題となっている．その問題が無機分析と有機合成の場合とで，やや違った方法で解決されているに過ぎないのである．

　つまり，上で述べた濾過に対する要請を厳密に守りたいとする要求と，操

4・2 沪過のいろいろ

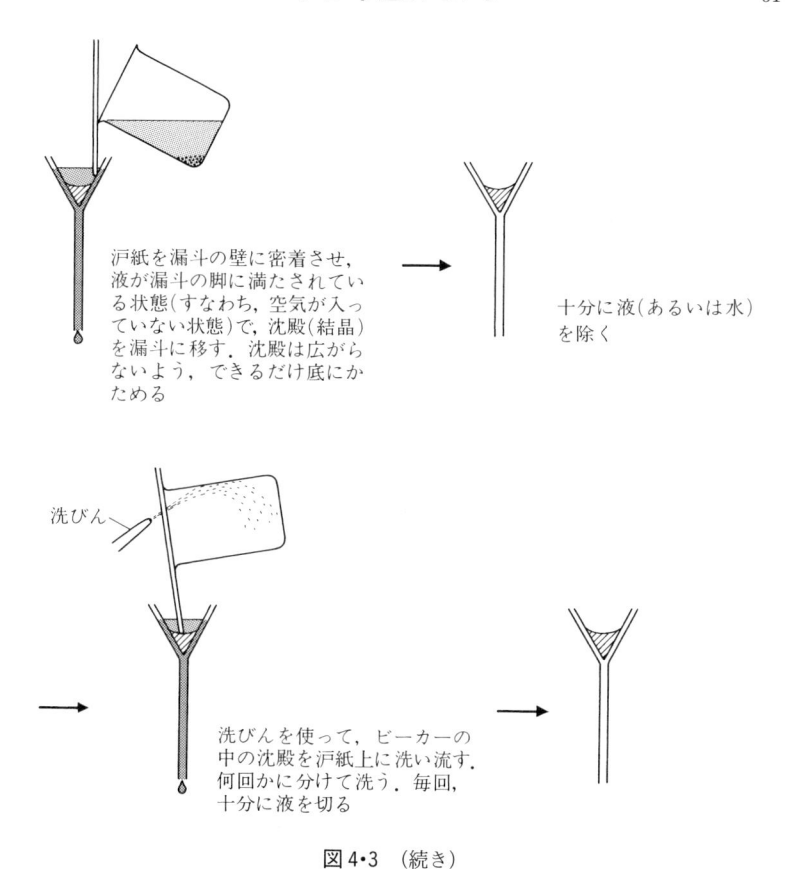

濾紙を漏斗の壁に密着させ，液が漏斗の脚に満たされている状態（すなわち，空気が入っていない状態）で，沈殿（結晶）を漏斗に移す．沈殿は広がらないよう，できるだけ底にかためる

十分に液（あるいは水）を除く

洗びん

洗びんを使って，ビーカーの中の沈殿を沪紙上に洗い流す．何回かに分けて洗う．毎回，十分に液を切る

図4・3 （続き）

作にかかる時間をできるだけ短くしたいという要求とのせめぎ合いの中で，両者の違いが生まれてきたのであろう．無機分析では，時間を犠牲にしても完全な分離を，有機合成では，求める結晶が少しくらい逃げていっても時間の経済を，それぞれ重視してきたためである．だが，いずれにしろ
① 固体物質と液体とをきれいに分離する
② できるだけ小さな場所に固体物質を集める
という共通の目的は達成されている．

有機合成における沪過では，比較的多量の物質が扱われることが多い．10

第4章 実験器具は使いよう

ブフナー漏斗　安全コック　水流ポンプ

吸引びん　安全びん

濾紙

水流ポンプで吸引しながら，結晶をブフナー漏斗に移す．このとき，できるだけ平らになるようにする

液体を十分に吸引除去し，さらに吸引しながらガラス栓のようなもので押しつけ，液体を除く

吸引を一時止め，少量の冷たい溶媒で結晶を浸す．ガラス棒で少し撹拌し，全ての結晶が溶媒で洗われるようにする

再び吸引し，溶媒を除去する

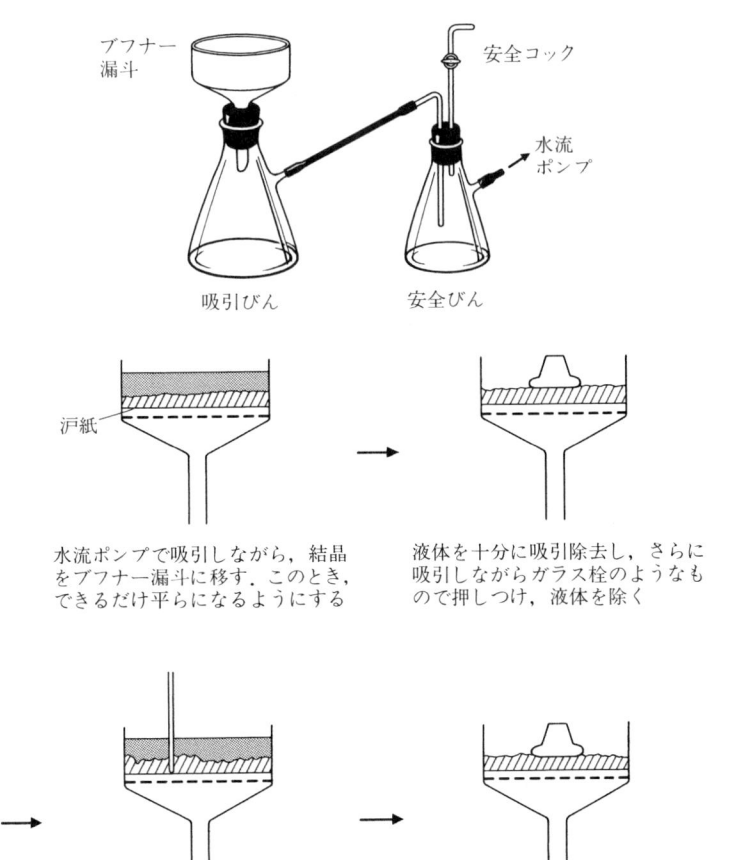

図4・4　有機合成における濾過

から100 gの物質を扱うときには，濾過面が広くとれ全体がまんべんなく扱える，円筒状の形をしたブフナー漏斗が便利である．1から0.1 gになると，物質をコンパクトに集めておくために，底が狭くなっている三角の漏斗に穴のあいた中仕切の付いた目皿漏斗が便利になる．

4・2・2　上澄み液を吸い出す

沪過における発想の転換は，"固体物質を漏斗の上にとらなくてもよいのではないか？"と考えるときに起こる．

すなわち，容器の底に結晶を沈めておき，上澄み液を，脱脂綿で栓をした細いガラス管を通して静かに吸い出すというやり方である（図 4・5）．このとき液体を完全に除くことはできないが，それは我慢する．結晶を洗うためには，少量の溶媒を加えてよく洗い，結晶が容器の底によく落ち着いてから，上澄み液を吸い出す．これを繰り返す．

この操作は図 4・5 のように，Ar，N_2 などの不活性気体を通しながら行うことができる．したがって，空気に触れると変化してしまう化合物（例えば，有機金属化合物）の取り扱いに便利である．

これは，まさしく"押してだめなら引いてみな！"の考え方である．

工業的にも沪過は，連続化しにくい厄介な技術であるときいている．しかし，こういうところにこそ，創意工夫が活かせるのではないだろうか．

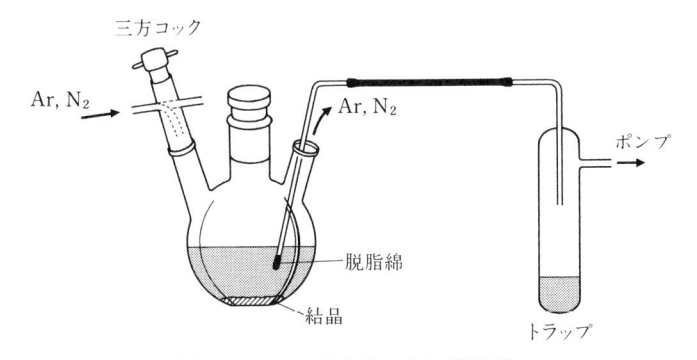

図 4・5　上澄み液を吸い出す"沪過"

4・2・3　破格な漏斗の使い方も

オーソドックスではないが，時と場合によっては，巧みに目的を達することができる漏斗の使い方がある．

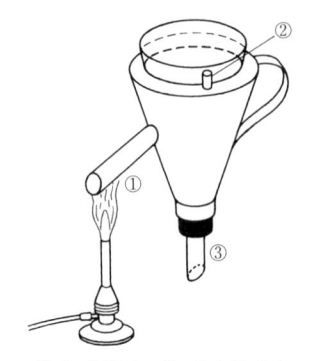

① 加熱部分，② 水を注ぐ穴
③ 漏斗
(a) 保温漏斗

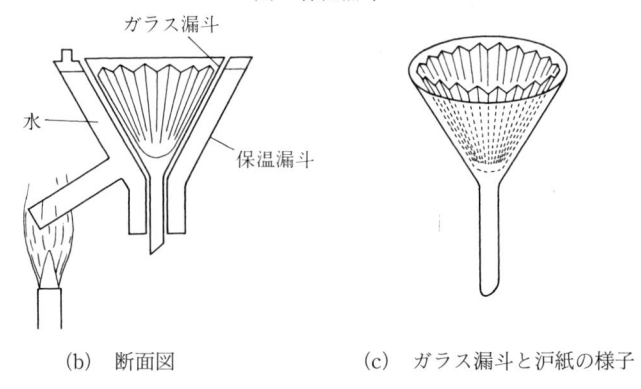

(b) 断面図 (c) ガラス漏斗と沪紙の様子

図 4・6 保温漏斗を用いる熱沪過

　再結晶の場合，溶媒に不溶のゴミや不純物を，溶液を熱くしたまま除くことが必要になることがある．オーソドックスには，保温漏斗(図 4・6)を用い，漏斗を熱湯で囲んでおいて沪過する．
　これは巧みな工夫で感心するのだが，実際にやってみると，沪過の途中で溶媒が蒸発して結晶が析出してしまうなど，手際よくいかないことが多い．また何よりも，大量の物質を処理することが難しい．
　そこでそんなときには，一見邪道に見えるが，ブフナー漏斗を用いる熱沪過が便利である．

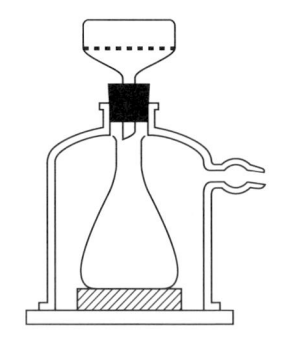

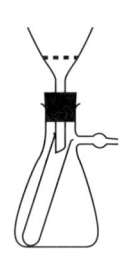

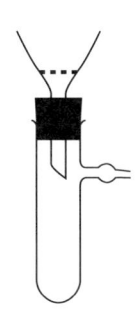

図 4・7　濾過鐘を使った濾過

　電気乾燥機の中で暖めておいたブフナー漏斗を手早く吸引びんに取りつけ，ブフナー漏斗が冷えないうちに，加温しておいた不溶の不純物を含む溶液を，吸引しながら手早く濾過するのである．

　すでに述べたように，保温漏斗を用いる熱濾過は時間がかかり，溶媒が蒸発して結晶が析出してしまい，うまい具合に操作が進まないことが多い．一方，ブフナー漏斗を用いる熱濾過は時間もかからず，大量の溶液を処理できる．そのうえ，陶器製のブフナー漏斗は冷めにくく，目的に適っている．

　欠点といえば，ブフナー漏斗を目に見えないところまできれいに洗っておかなければならないことであるが，それさえクリアしておけば，これは便利な方法である．

　また上のように，濾液の方が必要なときには，洗浄や内容物の出し入れが面倒な濾過びんを用いる代りに，図 4・7 に示す濾過鐘を使ってビーカー，三角フラスコ，試験管を受け器にして濾過を行うことができる．

　一方，熱濾過の考え方を逆に使うと，低温で濾過する方法が工夫できる．つまり図 4・8 のように，漏斗の周りを氷や寒剤で囲めば，冷えた状態で濾過を行うことができるのである．図 4・5 に示した上澄み液を吸い出す方法は，このような低温での濾過に適している．

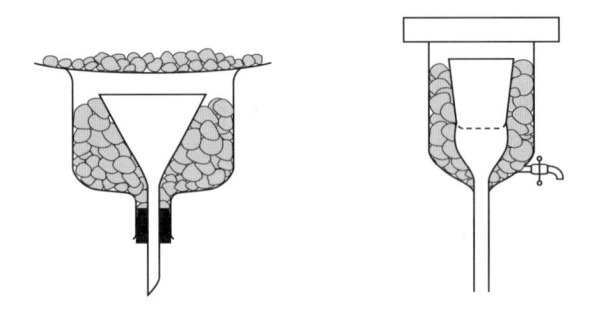

図4・8　低温での沪過．漏斗の周りを氷や寒剤で囲む

4・3　桐山漏斗の誕生

　ブフナー漏斗の欠点を改良して使いやすいものにする試みは数多くなされてきた．そのひとつが，沪過面を取り外し自由にし，全体をガラスで作った漏斗である．

　最近の傑作は，桐山弥太郎氏によって発明された**桐山漏斗**であろう（図4・9）．桐山漏斗では，ブフナー漏斗や目皿漏斗のように，沪過面にたくさんの穴があけられてはいない．その代わりに，同心円状と放射線状に溝が切ってあり，穴は1つしかない．沪紙を通過した沪液は，溝を通って一か所に集められ，下に落ちる．"穴を溝に代えても，沪過の効率は十分に保たれる"．こ

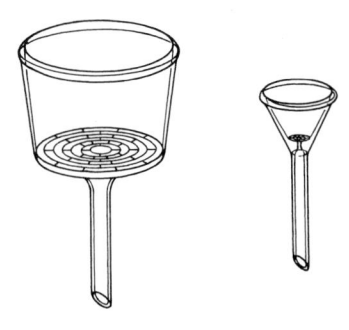

図4・9　桐山漏斗

4・3 桐山漏斗の誕生

桐山弥太郎氏

の発想の転換が，新らしい漏斗を生み出した．これは同時に，型押しによって沪過面を作り出すことを可能にし，丈夫な漏斗を大量に，安く作り出すことを可能にしたのである．

筆者は，発明者の桐山弥太郎氏（1928～．現在，桐山製作所社長）に，桐山漏斗発明の苦心談をうかがった．その内容を聞き書きの形に再構成したものを次にご覧いただこう．創造的な仕事をするときの，考え方のヒントになるものと思う．

「私は若いころ，東大の薬学部で，ガラス細工の職人をしておりました．
あるとき，たくさんの目皿漏斗を作ることになりました．目皿の穴というのはガラスを熱しておいて，タングステンの針でつついて作るものなんですが，沪過効率のよいものにしようと思って，1つでも多く穴をあけようとすると，パキッと割れてしまうことが多いんです．また，スリを作るのも大変で，穴をあけた円盤に，松ヤニで作った接着剤でガラス棒をつけ，それを回してスリ合わせを作るんです．こんな作り方ですから，漏斗と目皿の間のスリ合わせも共通ズリにすることができず，ご承知のように，漏斗と目皿は ひもで結んで，別れ別れにならないようにしてあるんです．

それで，便利な漏斗を何とか工夫したいと日ごろ考えていたのですが，あ

る日，下水のマンホールを見て，パッとひらめくものを感じました．マンホールのフタにはいろいろありますが，そのとき見たマンホールは，同心円と放射線状の溝が切ってあったのです．

"同心円と放射線状の溝を組み合わせて，沪液の流れを作れば，穴は1つでよい"．これが桐山漏斗の原理です．

さて，このようにして原理は発見したのですが，実用化は大変でした．溝と穴は型押しで作るのですが，型とガラスの間に空気が入って，溝がシャープにできない．これには困りました．

ところがあるとき，金型屋さんと話をしていましたら，自動車のヘッドライト製作の苦労話になったわけです．御存知のように，ヘッドライトのガラスにはいろいろな模様が入っている．これを作ろうとすると空気が邪魔をするので，型のところどころに空気抜きの穴をあけていたのですが，最後に空気抜きのところが突起して残ってしまう．これを何とかしろと自動車メーカーからいわれていたんだそうです．その金型屋さんは，苦心の末，金型をバラバラにして，ブロックの組合せ式にした．こうすると，金型のブロックの境目のところで小さな隙間ができて，空気が抜けるようになったというのですね．これだ，と思いました．金型を分割して組立て式にしたところ，溝がシャープにできるようになり，プレス加工で，沪過面を簡単に作ることができました．それを漏斗の本体に溶接して，桐山漏斗の出来上がり．安い値段で，使いやすい漏斗を皆さんに使っていただけるようになりました．

こういうと，割に簡単にできたように思われるかも知れませんが，やり始めてから完成まで，20年くらいの月日がかかっています．"

4・4　玉入り冷却管を用いた蒸留

リービッヒ冷却管と玉入り冷却管の使い分けも，実験上の工夫のひとつである．

4・4 玉入り冷却管を用いた蒸留　　　　　　　　　　　59

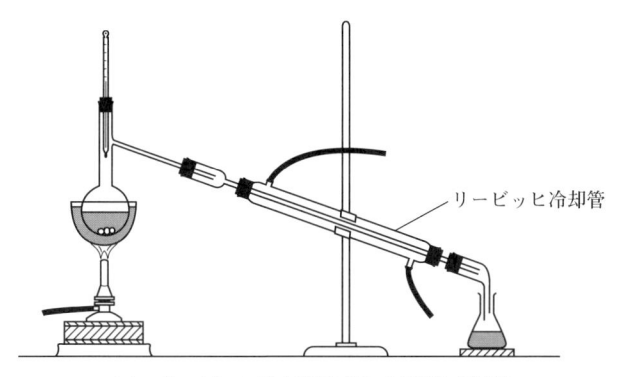

(a) リービッヒ冷却管を用いた蒸留（横型）

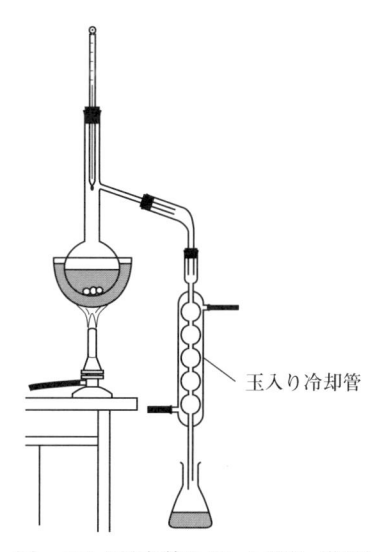

(b) 玉入り冷却管を用いた蒸留（縦型）

図4・10　横型および縦型に組み立てた装置による蒸留

　一般に，リービッヒ冷却管は蒸留に，玉入り冷却管は還流冷却に用いられる．蒸留では普通，装置を図4・10(a)のように横型に組み立てる．
　ところが蒸留でも，図4・10(b)のように，装置を縦型に組み立てる場合がある．この場合には，冷却管として玉入り冷却管を用いるのが目的に適って

いる．

　玉入り冷却管は，横にして用いると，玉の部分に液が溜まってしまい，蒸留には不適当であるが，縦にして用いればその心配がない．かえって玉の部分での蒸気の乱流によって，冷却の効率がよくなる．

4・5　実験器具の発明と新分野の開拓

4・5・1　ブンゼンの発明と研究

　実験器具を発明しながら，偉大な研究を成し遂げた一人として，**ブンゼン**(R. W. Bunsen．1811～1899)の名が挙げられよう．ここでは，彼の発明と研究の連鎖，すなわち

　　　ガスバーナーの発明 ─→ 分光器の発明とスペクトルの研究 ─→ 新元素
　　　ルビジウム，セシウムの発見

という一連の出来事について見ていくことにしよう．

　郊外に移転する前，町の真中にあった，ドイツで最も歴史の長いハイデルベルク大学の化学教室の講義室の前のロビーには，かつてガラスの陳列棚が置かれ，そこには，ハイデルベルクで37年間の長きに渡って研究と教育に携わり，学生の尊敬を受けていたブンゼンの遺品が展示されていた (図4・11)．

図4・11　ハイデルベルク大学のブンゼンの展示

4・5 実験器具の発明と新分野の開拓　　61

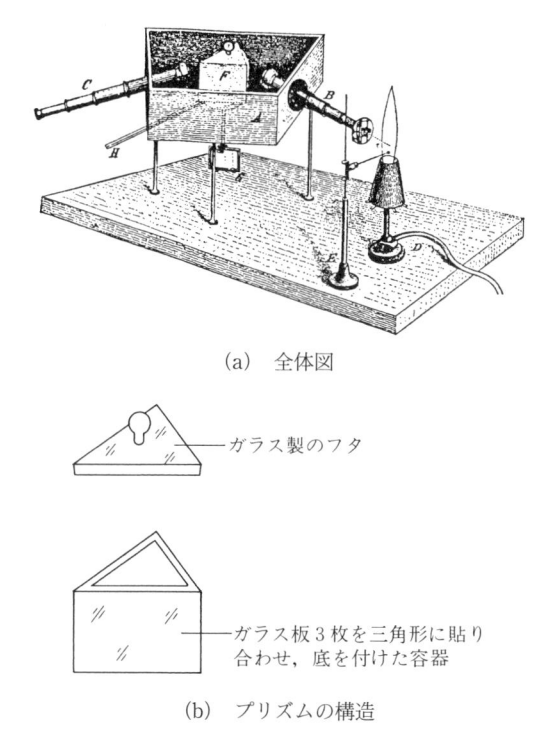

(a) 全体図

ガラス製のフタ

ガラス板3枚を三角形に貼り合わせ，底を付けた容器

(b) プリズムの構造

図4・12　ブンゼンとキルヒホッフの分光器

毎日これに接することで，自身が学ぶ大学の伝統を感じ，化学への情熱を搔き立てられた学生も多かったことだろう．

そこに展示されていたのはガスバーナー（いわゆる"ブンゼンバーナー"），物理学者キルヒホッフ（G. R. Kirchhoff．1824〜1887）と協力して作った分光器（図4・12），ブンゼンが発見したルビジウムとセシウムの試料（図4・14），およびルビジウムとセシウムを単体にするときに使った電池（ブンゼン電池．図4・14）で，いずれも模造品でなく，ブンゼン自身が作り，使っていたものである．

ところで，この4つの展示品には相互に関連がある．すなわち，まずブンゼンバーナーによって炎色反応が可能になり，その炎色反応の色を分光器で

図4・13 ブンゼン(中央)とキルヒホッフ(右端).左端はロスコー

図4・14 ブンゼン電池.上は装置全体,下は上の写真の左寄りに見えるルビジウムの試料のアップ

精密に分析し，これを手掛かりにルビジウムとセシウムを発見し，単離・精製したのであった．さらに，強力なブンゼン電池を用いて塩を電気分解し，単体のルビジウムとセシウムを作り出した．

これらの中で，筆者が特に感銘を受けたのは分光器である．分光器はプリズムを使って光を分ける．普通，プリズムは石英（つまり水晶）を磨いて作る．これは専門家でなければできないことである．しかし，ブンゼンの分光器のプリズムは 3 枚のガラス板を三角形に組み合わせ，底板を付けただけの容器に過ぎない．これなら，素人にも簡単に作ることができる．ブンゼンは，この容器の中に溶媒を満たしプリズムとしたのだという．

さらに感心させられることに，溶媒（ブンゼンは二硫化炭素を用いたという）を満たして作ったプリズムの方が，石英製のプリズムよりも，可視領域の光の分散がよい．これは炎色反応の研究に，より適しているということである．

自らの創意と工夫で作ったバラック造りの装置が独創的な研究を生む．その典型的な例を，ここに見ることができる．

水流ポンプもブンゼンの発明である．ブンゼンはこのほかに，カコジル（無機化合物の元素に対応する有機化合物の基本単位 = 基の一種）の研究，溶鉱炉の排出ガスの研究，ガス定量法の研究，光度計の発明，ヨード滴定の研究，火薬爆発の研究，希土類元素の研究，熱量計の発明などといったように，基礎から応用に関して幅広く，化学史に残る研究を成し遂げた*．

4・5・2 アストンの質量分析器

もうひとつ，機器の発明に関する話をしよう．いまは大きく，数千万円から数億円もする実験機器が，最初はどのような形で発明されたかという話である．

---

* 水町邦彦 立教大学名誉教授の御指摘による．また，参考になる図書としては以下がある．
　　山岡望：『化学史伝』，239～305（内田老鶴圃新社，1968）．
　　山岡望：『化学史談 第 3 ブンゼンの 88 年』（内田老鶴圃，1954）．

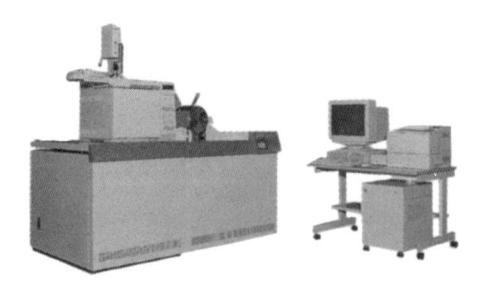

(a) 質量分析計（写真は日本電子株式会社の提供による）

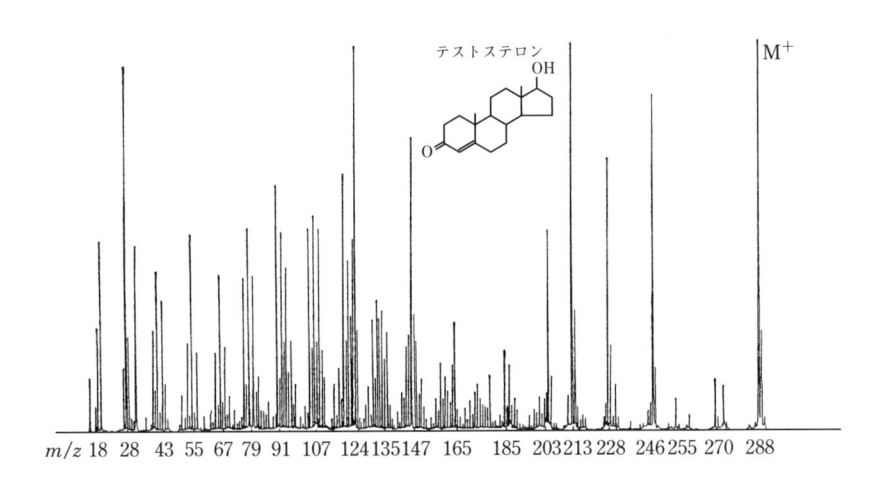

(b) テストステロンの質量スペクトル

図 4・15　質量分析計とそのチャート

　現在，質量分析計を所有していない大学はあるまい．機器分析において，NMR と並んで最もよく使われている機器である．

　質量分析器は，電子照射によってイオン化させた原子，分子，あるいは分解によって生成したイオン（この場合は，特に正イオン）を加速し，それを電場，磁場へ通すことによって進路を曲げ，質量の違いによって，それぞれを分離しようというものである．質量分析器は，アストン（F. W. Aston，1877～1945）によって，1919年に作られた．

4・5　実験器具の発明と新分野の開拓

図 4・16　アストン

　アストンはイギリスの実験物理学者・化学者で，1922 年，質量分析の研究によってノーベル化学賞を受賞した．

　それでは，アストンが初めて作り出した質量分析器はどのようなもので，どのようにして同位体が分離できたことを証明したのだろうか？

　ロンドンの大英博物館の分館には，科学史を飾る大発見，大発明に関わった機器類，機械類などが展示されており，先に述べたハイデルベルク大学のブンゼンの展示と同様，見る者を感動させる．もちろんそこに，アストンの質量分析器も展示されている．

　例えばそのほかにも，大英博物館の分館には，ファラデーの作ったベンゼンの試料，電磁気の研究に使っていたコイルなどが展示されている．偉大な研究が，手作りの玩具のような装置を，創意工夫で作り出すことによって行われてきたことをよく訴えている．

　アストンが初めて作り出した質量分析器は，実に勉強机に乗るくらいの大きさで，ちょっと大きな手巻きコイルといった感じである．図 4・17 を見てほしい．アストンはこの機器を使い，ネオンを試料に同位体を分離した．

　天然のネオンの同位体比は，^{20}Ne が 90.48%，^{21}Ne が 0.27%，^{22}Ne が 9.5% となっている．

図 4·17　アストンの作った質量分析器

　この装置を見て，筆者が何より感激した点は，その装置の単純さもさることながら，同位体が分離されたことをいかに確認したかという手法にあった．そこには高校以来お馴染みの，ボイル-シャルルの法則が応用されていたのである．

　図 4·18 のように，分離されたネオンの同位体が到達する場所にガラス管を付けておき，ここに気体を集める．ネオンが十分に集まったところでガラス管を封じ切る．封じ込まれた気体の圧力，体積，質量を測定すれば，これから気体の"原子量"（この場合は，同位体の相対質量）がボイル-シャルルの法則により計算できる．

　現在の質量分析計は大きなブラック・ボックスであって，図 4·15(b) のようなチャートとして得られる電気信号を信頼して使っているのに過ぎない．しかし，ここで見たように最初期の装置は"分析計"ではなく，いわば"分

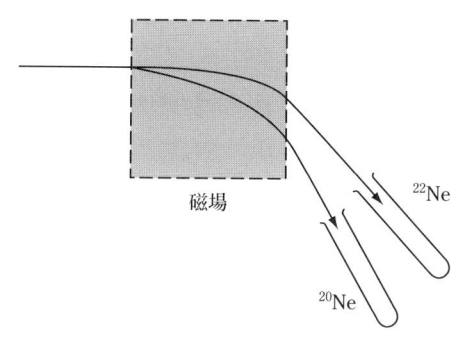

4・5 実験器具の発明と新分野の開拓 67

図 4・18 同位体が分離されたことの確認.分離された同位体は,それぞれガラス管の中に集められ,十分な量になったところで封じ切られ,圧力 P,体積 V,質量が測定される.ボイル-シャルルの法則 $PV=nRT$ から,原子量を求めることができる

離器"であって,その結果は,確かな根拠で我々を納得させるものである.

ついでに付け加えておくと,ここでは,少量の気体の質量を精密に測定するためにも最高のテクニックが用いられている.この装置では,空のときと,気体が詰まったときのガラス管の質量差を精密に測定する必要がある.この差はごくわずかだ

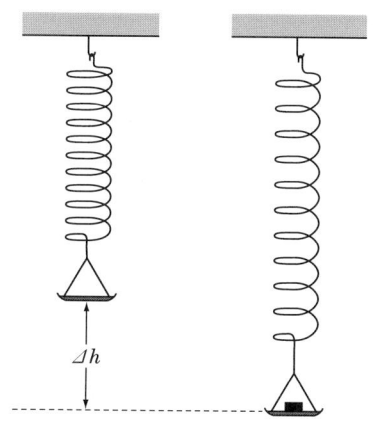

図 4・19 バネばかりの原理.石英の細線などで作ったコイルの下端にものを吊るし,コイルの伸びで重量を測定する

から，質量が高い精度で測定できなければならない．現在のような微量てんびんはその当時なく，代わりにアストンが用いたのは，細い石英線をコイル状にして作ったバネばかりであった（図4・19）．長いコイルを用いると小さな質量差が測定できる．

4・5・3 ハーンの原子炉

前項で取り上げた大英博物館の分館と同様な展示は，ミュンヘンにあるドイツ博物館でも行われている．ここでは，ハーン（O. Hahn．1879～1968）がウランの核分裂を発見した装置（原子炉の原型．図4・20）を見ることができる．

そのほかにも，レントゲンの使用したX線発生装置などが展示されている．

現在では，巨大な建物に収まっている原子炉も，ハーンによって最初に作られたものは，勉強机に乗ってしまうほどの大きさであった．

図4・20　ハーンによる原子炉の原型

第5章

実験ノートのつけ方
── 記録は詳しく正確に．後からの調べがやさしい記録 ──

　その重要性がわかっていながら，実行が難しいことのひとつに，実験の記録があろう．いろいろな機器を使って研究が行われるようになって，記録やデータの整理はますます面倒になってきた．

　詳しく正確で，後からの追跡や再検討がやさしい記録──そのための知恵を養う必要があるだろう．

第5章 実験ノートのつけ方

5・1 実験ノートの重要性

　実験を行うときのノートの重要性については，いくら強調しても強調し過ぎることはない．だが実際は，実験ノートをきちんとつける必要を理解しながらも，実験操作に追われ，なかなか実行できないというのが本当だろう．次の話は，そんなときの参考になるのではないだろうか．

　以前，筆者は稲本直樹 東京大学名誉教授とともに，恩師である漆原義之 東京大学名誉教授（1901〜1972）の"二重結合に対する臭化水素の付加における酸素効果の発見"の経緯をある雑誌に紹介した*．

　その発見の経緯自体，研究の進め方に対して示唆に富むものであるが，この記事を読まれた花房昭静 大阪大学名誉教授のお手紙の内容が，非常に重要であると思われるので，花房先生のご了解を得て，漆原先生の研究の解説とともに，以下に紹介することにする．

　まず，漆原先生の研究の経緯である．

　有機反応の中で，ラジカルの果たす大きな役割については，表1・1として示した"有機反応の総まとめの表"からも明らかであろう．そのきっかけとなったのは，二重結合に対する臭化水素の付加におけるマルコフニコフ付加，反マルコフニコフ付加の研究であった．

　二重結合に対するハロゲン化水素の付加に関しては，有名なマルコフニコフ則がある．すなわち"塩化水素，ヨウ化水素が二重結合に付加するとき，水素原子は，水素を多く持つ炭素原子（枝分れの少ない炭素原子）に付き，ハロゲン原子は少ない数の水素原子と結合している炭素原子に付く"．しかし1930年ころまでは，塩化水素 HCl とヨウ化水素 HI の中間にある臭化水素 HBr はなぜか例外で，"臭素原子の方が枝分れの少ない炭素原子の方に結合

---

* 杉森彰，稲本直樹：化学と工業，**45**，2044 (1992)．

5・1 実験ノートの重要性

する"（臭化水素の異常付加）というのが定説であった．

ところで，この話の主人公である漆原先生は他の研究目的で，末端に臭素の付いた $BrCH_2CH_2(CH_2)_8COOH$ を作るために，$CH_2=CH(CH_2)_8COOH$ と HBr とを反応させた．期待していた反応は

$$CH_2=CH(CH_2)_8COOH + HBr \longrightarrow BrCH_2CH_2(CH_2)_8COOH$$

であったが，得られたのは H と Br とが反対に付いた $CH_3CHBr(CH_2)_8COOH$ であった．すなわち HBr も HCl, HI と同じように，マルコフニコフ則に合った付加をしたのである．

$$CH_2=CH(CH_2)_8COOH + HBr \longrightarrow CH_3CHBr(CH_2)_8COOH$$

どうしてこのような，それまでの常識を覆すような現象が起こったのだろうか？ それは，漆原先生の際立って高い実験技術のためだったのである．

漆原先生は，天下の秀才の集まる旧制第一高等学校（現在の東京大学教養学部）の中でも一番の成績を示していた優秀な頭脳の持主であったが，"化学をやるには，ガラス細工の技術が必要"と，ガラス細工の職人のところに弟子入りし，立派な技術を身につけていた実験の達人でもあった．漆原先生は注意深く，また手際よく，原料のウンデセン酸 $CH_2=CH(CH_2)_8COOH$ を蒸留して，ただちに臭化水素 HBr と反応させた．このため，反マルコフニコフ付加の原因となる酸素が反応系中になく，これまで誰も見ることができなかった現象を発見することができたのである．

しかし，この原因が酸素であることは，後からわかったことで，反マルコフニコフ付加の原因が解明されるには，なお数年の研究が必要であった．

漆原先生は，偶然のことから，この研究に入ったのだが，同じころ（1929年ごろから），シカゴ大学ではカラシュ（M. S. Kharasch, 1895～1957）が弟子のメイヨー（F. S. Mayo）とともに，臭化水素 HBr の反マルコフニコフ付加の研究を行っていた．材料として使っていたのは，3-ブロモ-1-プロペン $CH_2=CH-CH_2Br$ であった．ところが生成してくるのは，あるときは $BrCH_2-CH_2-CH_2Br$ であり，またあるときは $CH_3-CHBr-CH_2Br$ であ

ったりした.

$$CH_2=CH-CH_2Br + HBr$$
$$\longrightarrow BrCH_2-CH_2-CH_2Br + CH_3-CHBr-CH_2Br$$

大概の場合,両者の混合物が得られるが,その割合が日によってひどくばらつく.ついには"月の満ち欠けのせいだ"という冗談まで飛び出す状況だったという.

しかし 1933 年にいたって,彼らは,付加の方向を支配しているのが O_2 や過酸化物であることを確かめ,発表した.この年は,漆原先生が偶然に HBr のマルコフニコフ付加を発見した年で,有機化学におけるラジカル反応のパイオニアとしての栄光は,惜しくも漆原先生ではなく,カラシュの上に輝いたのであった.この後,東京大学の漆原研究室とシカゴ大学のカラシュ研究室とで研究を競うことになり,有機ラジカル化学が成長していくことになる.現在の我々の生活の中には,ポリエチレンを始めとするビニルポリマーなど,ラジカル反応によって作られたものがたくさん入り込んでいる.

さて,この記事を読まれた花房先生は早速,筆者に一通の手紙を下さった.

「Chicago 大学の Kharasch が,生成物のばらつきに悩まされたが,1933 年に O_2 や過酸化物の存在が,反マルコフニコフ付加の原因であることを確かめたとお書きになっておられます.このことについて,私は,1964 年,UCLA で故 S. Winstein 教授* から次のようなことを聞かされ,長く記憶に留めています.

Kharasch 教授は実験の方法やその記録について,じつに口やかましい方であったということです.実験ノートには,その日付,用いた薬品の出所,

---

* ウィンシュタイン (S. Winstein) はカナダ生まれのアメリカの化学者 (1912～1969). カリフォルニア大学ロサンゼルス校教授.有機反応機構に関して先導的な研究を成し遂げた.加溶媒分解に対するグルンワルト-ウィンシュタイン (Grunwald-Winstein) 式,隣接基による反応加速などの研究は重要である.

加熱や冷却の方法，操作の時間，器具の種類や大きさなど，およそ気のつくものはなんでも書くように指示していたそうです．Winstein も同様，こと細かにうるさいほど，実験について尋ねてきました．

ところで，Kharasch は，困った末に，実験をしていた学生達のノートを集めて思案したところ，以下のことに気付いたという事です．反マルコフニコフ付加が多いのは，原料のアルケンが合成されてから日時を経ているものが多く，マルコフニコフ付加が多いのは，アルケンを合成してすぐに用いている場合が多いということに気付いたということです．これがわかったのは，原料のアルケンについても，いつ合成したものか，あるいは，試薬として購入したものであれば，その瓶のロット番号も，実験ノートに記録させてあったためでした．そこで，Kharasch は合成直後のアルケンに空気や酸素を吹き込み付加を行わせ，反マルコフニコフ付加が起こることを確かめ，その原因を明らかにしました．

このことを例に挙げて，Winstein は私どもに実験の記録を，実際に即して詳しく書くように申しておりました．」

この話は，実験の記録と実験ノートの重要性を実によく示している．実験の記録をしっかりとる習慣は，毎日の努力の積み重ねである．実験操作に追われることなく，よい記録が残せるように努力しなければならない．

5・2 実験ノートの一例

実験ノートのつけ方には，いろいろな方式が考えられ，各自が好みにあった方法でやればよい．ここではひとつの例として，筆者がドイツのマックス・プランク光化学研究所に留学していたときに，この研究所で採用されていた方式が参考になると思われるので紹介することにする．

実験ノートは，後から誰が見てもわかるように書かれていなければならな

い．特に，外国からの留学生が多く（彼らは1，2年で帰国してしまうので）実験データを彼らがいなくなってしまってから吟味する必要の多い，その研究所では，一定の書式（フォーマット）で実験ノートをとることが強制されていた．

そういった規則の中で，合理的で，まねるとよいと思われることを記しておこう．

化学の研究は物質の性質を扱うことが多い．物質は誰が作っても同じというわけにはいかない．作った人，原料，方法，または日々のコンディションにより不純物の種類や含有率が違っていたりして，それを用いて得られたスペクトルなどの物理的性質，反応のデータなどが微妙に異なってくることがある．このことは，前節で述べたカラシュのエピソードからもわかるだろう．そこで，試薬びんの中にある物質，それがいつ，誰によって作られたか（あるいは，どういうものを購入したか）ということと，それを使って測定されたデータとが常に結びついていなくてはならない．その中心となるのが実験ノートである．以上の全ての情報が，実験ノートを仲介として結びつけられるシステムが次のようなものである．

まず，全ての人の実験ノートは記号と数字で整理され，さらに1冊1冊のノートにはきちんとページを打っておく．例えば筆者の場合なら，SGM-02-077-01で，以下のような情報を表すことができる．

SGM-02-077-01

| 杉森を表す略号 | 杉森の使った二番目のノート | そのノートの77ページ | そのページに記載されている一番目の物質 |

さらに末尾の数字で，実験ノートのそのページ中の，何番目に記載されて

5・2 実験ノートの一例

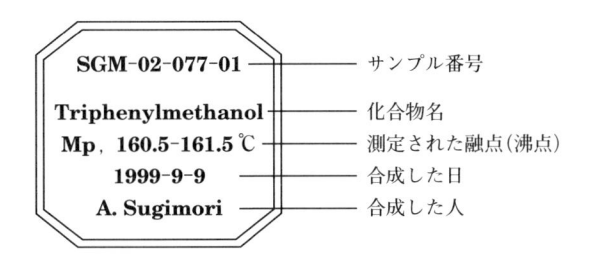

```
SGM-02-077-01 ──── サンプル番号
Triphenylmethanol ──── 化合物名
Mp. 160.5-161.5 ℃ ──── 測定された融点(沸点)
1999-9-9 ──── 合成した日
A. Sugimori ──── 合成した人
```

図5・1 試薬びんのラベル

いる物質かを知ることができる．この"SGM-02-077-01"は，スペクトルのチャート，次の反応の原料の記載など，それを使って行われた全ての実験ごとに書きとめておかなければならない．もちろん，その物質を入れた試薬びんにも図5・1のようなラベルを貼っておく．

1つのびんには，同じ化合物だからといって，後から合成した（あるいは精製した）試料を混ぜて入れてはならない．合成のときの原料，反応条件によって，純度や不純物の種類・量が微妙に違って，思いがけないことが起こることがあるからである．"歴史"の違う試料を合わせて使わなければならないとき（例えば少量ずつしか合成できない物質を使って，たくさんの実験をやらなければならないようなとき）は，全体を集めて再結晶なり蒸留なりで精製してから使うことにする．

このことも，前節で紹介した花房先生の御教示による．ウィンシュタインは，厳しくこれを励行させていたという．

さて実際の実験ノートは，見開き1ページを単位として，実験中は左側のページしか使わず，右ページはデータの処理，スペクトル・チャートの縮小コピーなど，後から付け加えるもののために空けておく．ノートは，小さなB5判より大きなA4判の方がよいと思う．その方が，スペクトル・チャートなどを貼るのに便利である．

図5・2に，このような実験ノートの例を示そう．多くの人が，有機化学の

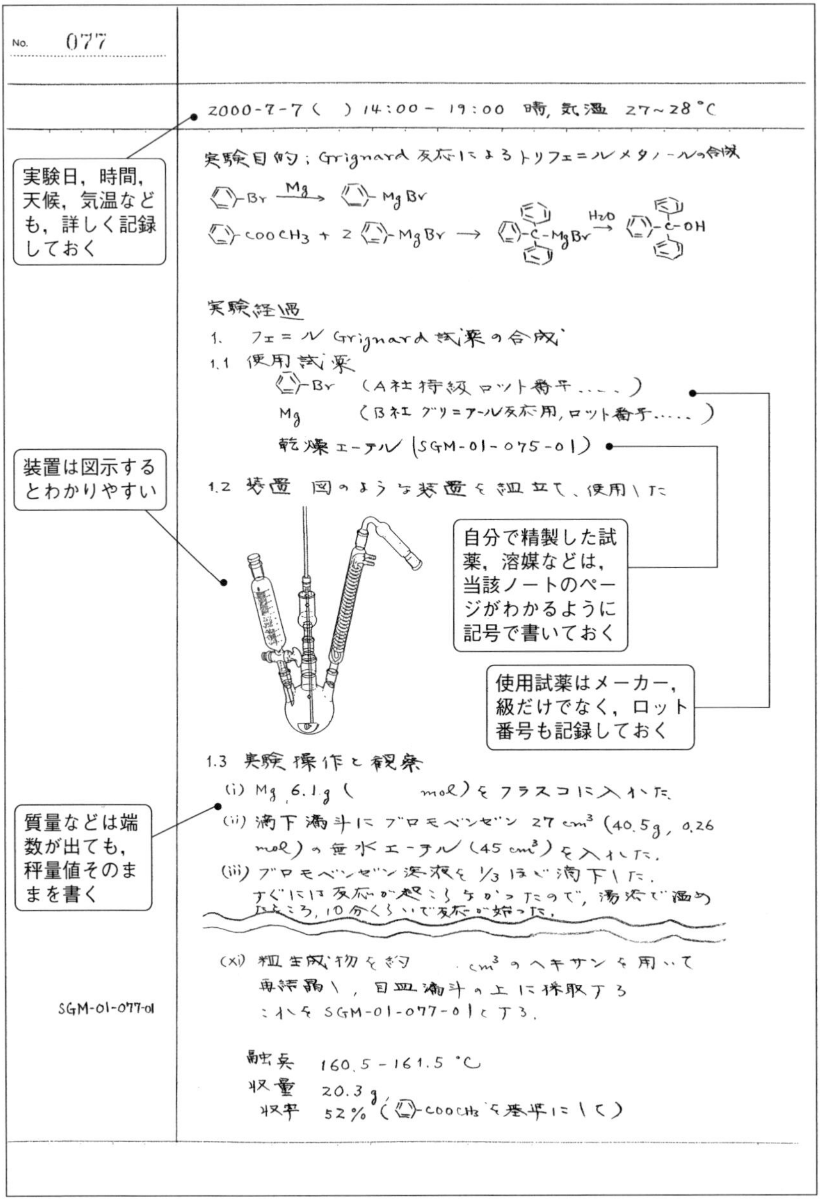

76　　　　　　　第5章　実験ノートのつけ方

No. 077

2000-7-7 ( )　14:00 - 19:00　晴, 気温 27~28 ℃

実験目的； Grignard反応によるトリフェニルメタノールの合成

〈Ph〉-Br + Mg → 〈Ph〉-MgBr

〈Ph〉-COOCH₃ + 2〈Ph〉-MgBr → 〈Ph〉₃C-MgBr →(H₂O)→ 〈Ph〉₃C-OH

実験経過
1. フェニルGrignard試薬の合成
1.1 使用試薬
　　〈Ph〉-Br　(A社特級 ロット番号……)
　　Mg　(B社 グリニャール反応用, ロット番号……)
　　乾燥エーテル (SGM-01-075-01)

1.2 装置　図のような装置を組立て, 使用した

[装置図]

1.3 実験操作と観察
(i)　Mg 6.1g (　　　 mol) をフラスコに入れた.
(ii)　滴下漏斗にブロモベンゼン 27 cm³ (40.5g, 0.26 mol)の無水エーテル (45 cm³) を入れた.
(iii) ブロモベンゼン溶液を1/3ほど滴下した.
　　すぐには反応が起こらなかったので, 湯浴で温めたところ, 10分くらいで反応が始まった.
　　〜〜〜〜〜〜〜〜〜〜〜〜〜〜〜〜〜

(xi) 粗生成物を約　　cm³のヘキサンを用いて
　　再結晶し, 目皿漏斗の上に採取する
　　これをSGM-01-077-01とする.

　　融点　160.5 - 161.5 ℃
　　収量　20.3 g
　　収率　52 % (〈Ph〉-COOCH₃を基準にして)

SGM-01-077-01

注釈：
- 実験日, 時間, 天候, 気温なども, 詳しく記録しておく
- 装置は図示するとわかりやすい
- 自分で精製した試薬, 溶媒などは, 当該ノートのページがわかるように記号で書いておく
- 使用試薬はメーカー, 級だけでなく, ロット番号も記録しておく
- 質量などは端数が出ても, 秤量値そのままを書く

図5・2　実験ノートの例．グリニャール反応

5・2 実験ノートの一例

参考文献
L.F. Fieser, K.L. Williamson, 後藤俊夫他訳
"フィーザー 有機化学実験 原書4版", 丸善 (1980)
pp 128-136.
の方法をスケールを3倍にして行った。

原料, 生成物の性質など

	分子量(原子量)	融点 °C	沸点 °C	密度 $g\,cm^{-3}$
⟨C₆H₅⟩-Br	157.0	-30.6	156	1.495
⟨C₆H₅⟩-COOCH₃	136.2	-12.2	199.5	
(⟨C₆H₅⟩)₃COH	260.3	162.5	380	溶 C_6H_6, EtOH
Mg	24.3			

> 参考書, 参考文献は原典にすぐアクセスできるよう, 必要な項目を書いておく

> 原料や予想される生成物の分子量, 諸性質は便覧などで調べておく。密度を書いておくと質量の代わりに体積で量を測ることができ, 液体物質を扱うときには便利である

> ^{1}H NMRの測定日が, 試料を合成した日と異なる場合は明記する

2000-7-8
SGM-01-077-01 の ^{1}H NMR 測定 → SGM-01-077-02
約 30 mg を使用
測定装置名

SGM-01-077-02
SGM-01-077-02
チャートの縮小コピー

による, トリフェニルメタノールの合成

実験で実習するグリニャール反応による，トリフェニルメタノールの合成についてのノートである．

付録　化学現象における非線形性

　第3章では，線形性を強調しながら化学現象を見た．しかし最近の科学は，非線形性の方にフロンティアを拡げつつある．付録では，断片的にではあるが，化学現象における非線形現象のいくつかを取り上げ，線形性との対比を見てみることにする．

A・1　非線形性とは

　最近，自然科学や工学，社会科学など，いろいろな分野で非線形性や，それに基づいた非線形現象が問題にされることが多い．**非線形現象**とは，外から与えられた刺激の強さと，刺激を受けた系が示す応答の強さが線形の関係にない現象のことである．"フラクタル"や"カオス"といった言葉を目にし，耳にした読者も多いことだろう．
　分化のようなマクロに観察される生命現象や，化学現象についてもミクロなレベルの酵素反応などに，非線形性が重要な役割を果たしていることが明らかになっているし，人間の行動を解析する社会科学（例えば社会学，経済学）においても非線形性が注目されている．
　非線形現象のひとつの例は，生物の増殖である．生物（特に微生物）は，個体数が少ないときはその数に比例して個体数を増していく．しかし，無限に増えることはできない．数が増えると環境が悪化するので，図A・1(a)に示すように，個体数の増加率は小さくなってしまう．さらに，この生物の増殖の問題を，連続的な時間との関係でとらえず，世代という離散的なパラメーターとの関係でとらえると，図A・1(b)に示すような，個体数が多くなっ

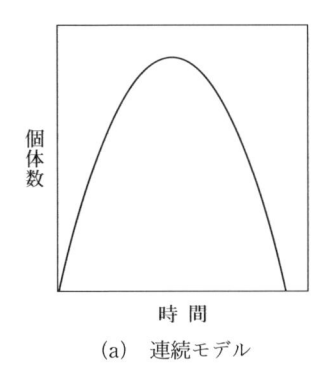

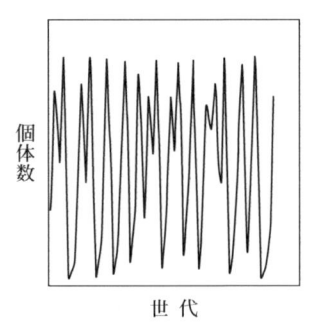

（a）連続モデル　　（b）離散モデル．世代ごとに不連続な現象としてとらえる

図 A·1　生物の増殖

たり少なくなったりという振動現象が見られるという．

　同じような現象を，経済現象などにおいても見ることができることは容易に想像できるだろう．

A·2　化学現象における非線形性のいろいろ

　第3章では，線形性を強調しながら化学現象を見た．そして，化学現象では線形の関係から外れる例が多いことも述べた．そこでここでは，この化学現象における非線形性について取り上げたいと思う．

　ところがいざ正面から，化学における非線形性を取り上げ，整理しようとすると，これはとてつもなく複雑で，とても手に負えそうにないことがわかってきた．

　狭い意味で非線形現象といえば，カオスやフラクタルなどの現象であろうが，光化学には"非線形光学効果"と呼ばれる現象があり，これはカオスやフラクタルの範疇には入らない．まして第3章での記述を踏まえ，"非線形性"を"線形性が成り立たないこと"という意味に広く解釈すると，線形性からの ずれ を全て扱うことになり，原因も現象も多岐に渡って整理がつかなくなってしまう．また線形性を，濃度と化学現象の大きさとの間だけで限定して考えることもできない．

A・2 化学現象における非線形性のいろいろ

本当に困ってしまうのだが，本書は，第1章で強調したように"無理をしてでも分類しよう"というスローガンを掲げているので，以下では独断と偏見で，化学における非線形現象を分類してみることにする．

まず第3章とのつながりから，濃度との関係における非線形性について考えよう．"非線形性"を"線形性が成り立たないこと"という意味に広く解釈すると，これは以下のように分類できるだろう．

① 解析の容易な非線形性
  (a) 化学平衡が関与するため，濃度と化学現象の大きさとの間に線形性が現れない場合
  (b) 一次以外の反応速度に支配されるため，濃度と化学現象の大きさとの間に線形性が現れない場合
② 解析の難しい非線形性（通常使われる意味での非線形性）
  (a) 反応過程に分岐があり，化学種が非平衡な形で分岐を通過することによって生じる非線形性．例えば爆発や振動反応などの現象で，**カオス，フラクタル，カタストロフィー**などに分類されるもの

光化学においては，非線形光学効果と呼ばれる非線形現象が，レーザー技術の発展に伴い重要になっている．これはカオスやフラクタルといった現象とは，また異なったものである．これについてはA・4節で述べる．

通常，化学において見られる非線形現象は，①の分類に属するものである．例えば，反応速度の複雑性によって面白い数学的関係が生まれるが，これについてはラジカル連鎖反応を例に，A・5節で見ることにする．

一方，②の分類に属する現象も多く知られている．そのような例として爆発や振動反応が挙げられる．爆発は，非線形現象の典型のひとつであるカタストロフィーに分類され，化学における，その代表例ともなっている．振動反応についてはA・3節で，あらためて考察することにしよう．

爆発という現象は，古くから化学者にとって切実で重要な問題であった．多くの化学者は，実験中思いがけないときに突然爆発が起こって，怪我をしたという経験

を持っていることだろう．また兵器や土木工事では，意図的に爆発が利用される．

カオス的現象を含んだ化学現象も多く知られており，化学は，今後展開していく"非線形科学"におけるひとつの中心になっていくものと思われる．

A・3 振動反応

化学においては特に，生命現象との関連において非線形現象が関心を集めている．最も注目されるのは**振動反応**と呼ばれる現象で，これは反応系中の化学種の濃度が単調に増加したり減少したりするのではなく，ある周期で増加と減少を繰り返すような変化を示すものである．例えば，グルコースの代謝でこのような振動現象が起こることが知られており，また心臓の鼓動のリズムも振動反応により作られているのではないかといわれている．

振動反応は初め，生体反応のように複雑ではない，普通の化学反応で発見された．**ベローゾフ-ジャボチンスキー**（Belousov-Zhabotinski）**反応**と呼ばれるものがそれである．遷移金属イオンの存在下で，マロン酸を臭素酸で酸化したときに起こる．遷移金属イオンとして最初に用いられたのはセリウムであったが，その後いろいろな遷移金属イオンでも同様な現象が起こることがわかった．ここでは，ルテニウム Ru を使った例を示す．反応は，全体として見ると

$$5\,CH_2(COOH)_2 + 3\,BrO_3^- + 3\,H^+$$
マロン酸
$$\longrightarrow 3\,BrCH(COOH)_2 + 2\,HCOOH + 4\,CO_2 + 5\,H_2O$$
ブロモマロン酸

であるが，Ru(III)，Ru(II) が触媒として絡んでいて，反応が進行する間に Ru(III) と Ru(II) の割合が振動する．

この様子は直接目で見ることができ，よく撹拌しているときは，溶液の色が 100 秒程度で周期的に変化する．一方，撹拌しないときは，溶液中を色の

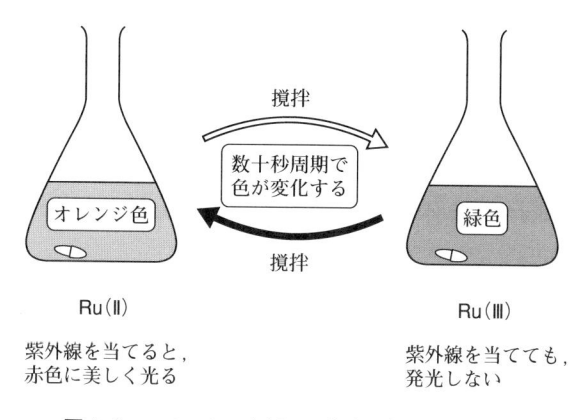

図 A·2 ルテニウムを用いた場合の振動反応の様子

ついた縞模様が動く．また，これは直接目で見ることは難しいが，ルテニウムの濃度の振動とともに，臭化物イオンの濃度も振動する．ルテニウムをビピリジン錯体にしておくと，Ru(II)のオレンジ色と Ru(III)の緑色の振動が見られるだけでなく，暗いところにおいて紫外線を当てて観察すると，Ru(II)の赤い美しい発光を見ることができ，美しい色の変化が楽しめる(図 A·2)．

反応速度を解析する方法のひとつに，定常状態法がある．これは，反応中間体の濃度は，反応の進行と関係なく，一定のまま保たれるという近似を行う解析法である．この方法が一般的なものであることを考えると，反応の途中で濃度が大きくなったり，小さくなったりする振動現象が，極めて異常なものであることが理解できるだろう．

さて振動反応では，2つの反応がバランスよく起こるのではなく，あるときは反応 A が一方的に起こってバランスを失った状態になり，次にはそのバランスを取り戻そうと反応 B が急激に起こり，今度も"行き過ぎ"が生じてアンバランスな状態になる．これが繰り返されることによって，反応が振動する．"行き過ぎ"の状態とは，過冷却のようなもので，ちょっとした刺激で急激に変化が起こるような状態である．その刺激のきっかけとなるのがスイッ

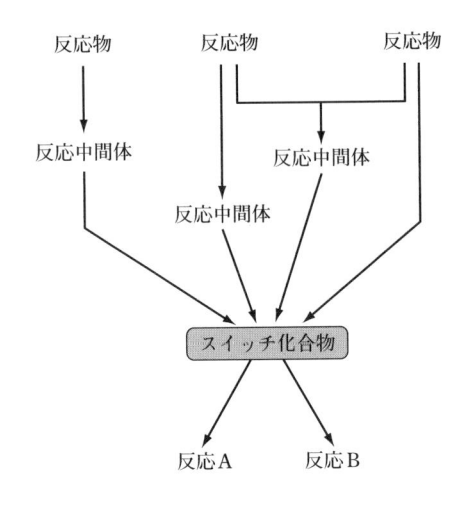

```
       反応物       反応物       反応物
         │            │            │
         ▼            │            │
     反応中間体       ▼        反応中間体
         │        反応中間体        │
         └──────────┬──────────────┘
                    ▼
              スイッチ化合物
              ↙         ↘
           反応A        反応B
```

図 A・3　振動反応の模式図

チ物質である．反応を模式的に表現すると図 A・3 のようになる．

ノイス (R. Noyes) らの解析によると，マロン酸-臭素-ルテニウム系の反応は 18 個の素過程と，21 種の化学種とが関係した複雑なものである．その中で重要な過程は，図 A・4 に示すようなものとされている．臭化物イオン Br^- を出発点とする反応①が分岐し，2 つの方向に進み得る点が重要である．

Br^- が引金となって，反応①，②で HOBr が生成すると，マロン酸を攻撃して(反応③)ブロモマロン酸を与える．このとき，反応②，③，④を通ったとすると，1 個の Br^- から少なくとも 2 個の Br^- が生じていることになる(反応②において，1 個の Br^- から 2 個の HOBr が生成しており，これが回るから)．この自己増殖反応によって，Br^- が急激に増え，ルテニウムは全て Ru^{3+} になる．ここまでは，図 A・4 の右側の反応が主として起こっていることになる．

さて Br^- が増えすぎ，また Ru^{2+} がなくなると反応が切り替わって，図 A・4 の左側の反応が起こるようになる．すなわち，Br^- から反応①，⑤，⑥を通って，Ru^{3+} から Ru^{2+} への還元が起こるようになる．このとき，Br^- は消

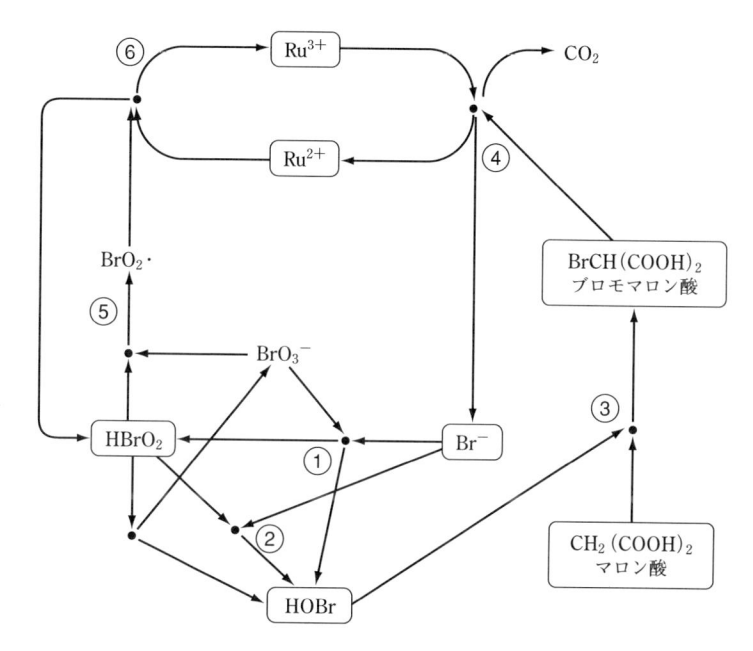

図 A・4 マロン酸-臭素-ルテニウム系の反応

費されるだけで再生しないから，一方的に濃度を減らしてしまう．

やがて Ru^{3+} がなくなり，Br^- の濃度が減少するとまた反応が切り替わって，再び図の右側の反応が起こるようになり，以後これが繰り返される．

ここでは定性的に説明したが，この反応はノイスらによって精密に解析され（そのモデルは，研究の行われた場所に因んでオレゴン・モデルと呼ばれている），振動反応の機構が明らかになっている．

A・4 非線形光学効果

最近，化学で注目されている，もうひとつの種類の非線形現象は，外から物質に与えられた刺激の大きさと，その刺激を受けた物質の示す応答とが線形の関係にない現象である．例えば非線形光学効果が，この例として挙げら

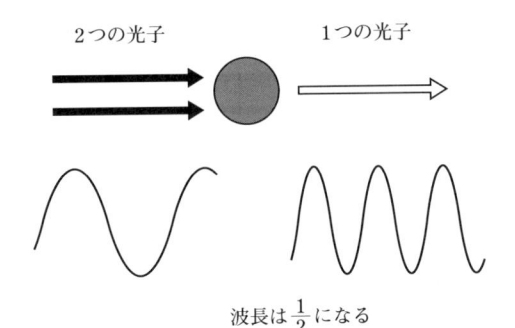

2つの光子　　　1つの光子

波長は $\frac{1}{2}$ になる

図A・5　二次の非線形光学効果

れる．

　非線形光学効果とは，光が物質によって散乱を受けるとき，その波長が 1/2, 1/3, … になる現象で，波長が 1/2 になる場合を二次の非線形光学効果，1/3 になる場合を三次の非線形光学効果と呼ぶ．

　このような現象は，我々が日常使用している蛍光灯や白熱電球では観察されないが，例えば，強く絞られたレーザー光などの高い強度を持った光を，ある種の物質に当てたときに観察される（いいかえると，低い光強度のときには隠れていた性質が，高い強度の光の照射によって，表に現れてくるのである）．二次の非線形光学効果を発現するときには，**図A・5**に模式的に示したように，2個の光子が同時に関与しなければならないので，このような効果は，強く絞られたレーザー光の下などでしか起こらないのである．また物質についても，どのようなものでもよいというわけではなく，特にこの現象を起こしやすい物質が知られている．

　非線形光学効果は，実用的には，化学作用の小さな長波長のレーザー光（主に赤外光）の波長を短くし，化学作用の大きな紫外・可視光に変換するためなどに用いられている．レーザー技術の中でも，重要な位置を占めるものになっている．

A・5　濃度と反応速度との面白い関係 ― ラジカル連鎖反応 ―

　化学現象では，線形の関係が成り立たない場合が多い．特に，濃度と反応速度との関係は複雑である．

　化学反応には一次反応，二次反応，…などがあって，反応で生成する生成物の濃度，反応時間と基質の濃度との関係はかなり複雑になる．逆に，この複雑性を利用し，どの反応物について，反応が何次になっているかを調べることで，反応機構を決めることができる．このような例はS_N1型反応，S_N2型反応などで，読者にはお馴染みだろう．ここでは，そのような速度論的関係の中で，面白くて応用の広い**ラジカル連鎖反応**を取り上げ，考察しよう．

　さてラジカル重合を行う場合，ラジカル開始剤を2倍量使ったら（正確にいえば，2倍の濃度にして使ったら），反応はどう変わるだろうか？　反応速度が2倍になって，反応時間が1/2に短縮されるだろうか？　得られるポリマーの重合度はどう変わるだろうか？

　結論をいうと，ラジカル開始剤を2倍にしても，反応速度は$\sqrt{2}$倍にしかならない．さらにこのとき，平均重合度は$1/\sqrt{2}$倍になってしまう．

　簡単に計算できるのでやってみよう．いま，図**A・6**に示すような機構で進行する反応を考えることにする．図に示したように，一般にラジカル連鎖反応は開始，成長，停止の3つの過程から成り立っている．

　開始反応に示した，X－Xは過酸化ジベンゾイルや2,2′-アゾビス（イソブチロニトリル）のようなラジカル開始剤であり，2個のラジカルを発生させるものとする．ラジカルは途中で邪魔が入らなければ，たった1個で全てのモノマーをつなぐことができる．しかし実際は，同時にたくさんのラジカルを発生させて重合を行っている．そのような場合，ラジカル同士がぶつかることがある．すると2個のラジカルはカップリングして安定な分子になってしまうか，あるいは不均化によって一方は飽和化合物に，他方は二重結合を持つ化合物になってしまう．このような停止反応が，後でわかるように，上

|開始| 反応速度

$$X-X \xrightarrow{k_\mathrm{I}} 2\cdot X \qquad\qquad k_\mathrm{I}[X-X]$$

|成長|

$$\cdot X + CH_2=CHY \xrightarrow{k_{\mathrm{P}'}} \sim CH_2-\dot{C}HY \qquad k_{\mathrm{P}'}[\cdot X][CH_2=CHY]$$

$$\sim CH_2-\dot{C}HY + CH_2=CHY \qquad\qquad k_\mathrm{P}[\sim CH_2-\dot{C}HY][CH_2=CHY]$$
$$\xrightarrow{k_\mathrm{P}} \sim CH_2-\dot{C}HY$$

|停止|

$$\sim CH_2-\dot{C}HY + \dot{C}HY-CH_2\sim \qquad k_\mathrm{T}[\sim CH_2-\dot{C}HY][\sim CH_2-\dot{C}HY]$$
$$\xrightarrow{k_\mathrm{T}} \sim CH_2-CHY-CHY-CH_2\sim$$
$$\text{カップリング}$$

あるいは
$$\sim CH_2-CH_2Y + CHY=CH\sim$$
$$\text{不均化}$$

図 A·6　ラジカル連鎖反応

述した平方根の関係を生むことになる．

　さて，以上のような機構を仮定して，定常状態法によって速度式を解くことにする．問題は，ラジカル開始剤の濃度を2倍にしたとき，ビニルモノマーの反応量がどう変わるか，また得られるポリマーの数がどう変わるかである．

　定常状態はラジカル・Xと，成長しつつあるポリマーラジカル～$CH_2\dot{C}HY$ の濃度について仮定する．

$$\frac{d[\cdot X]}{dt} = 2k_\mathrm{I}[X-X] - k_{\mathrm{P}'}[\cdot X][CH_2=CHY]$$
$$= 0 \qquad\qquad (A.1)$$

A・5 濃度と反応速度との面白い関係 — ラジカル連鎖反応 —

$$\frac{d[\sim CH_2\dot{C}HY]}{dt} = k_{P'}[\cdot X][CH_2=CHY] - k_P[\sim CH_2\dot{C}HY][CH_2=CHY]$$

成長の過程で消費されるラジカル

$$+ k_P[\sim CH_2\dot{C}HY][CH_2=CHY]$$

成長の過程で生成されるラジカル

$$- 2k_T[\sim CH_2\dot{C}HY]^2$$

$$= k_{P'}[\cdot X][CH_2=CHY] - 2k_T[\sim CH_2\dot{C}HY]^2$$

$$= 0 \tag{A.2}$$

式 (A.1) より

$$2k_I[X-X] = k_{P'}[\cdot X][CH_2=CHY] \tag{A.3}$$

これと式 (A.2) より

$$2k_I[X-X] - 2k_T[\sim CH_2\dot{C}HY]^2 = 0 \tag{A.4}$$

よって

$$[\sim CH_2\dot{C}HY] = \sqrt{\frac{k_I}{k_T}[X-X]} \tag{A.5}$$

が得られる．

　式 (A.5) を使って，ビニルモノマー $CH_2=CHY$ が消費される速度を求めると

$$-\frac{d[CH_2=CHY]}{dt} = k_{P'}[\cdot X][CH_2=CHY] + k_P[\sim CH_2\dot{C}HY][CH_2=CHY]$$

$$= 2k_I[X-X] + k_P[CH_2=CHY]\sqrt{\frac{k_I}{k_T}[X-X]} \tag{A.6}$$

ただし式 (A.3)，(A.5) を用いた．ここで，ビニルモノマーが重合連鎖の中で消費される割合の方が，ラジカル発生剤から生成したラジカル・X によって消費される割合より圧倒的に大きいので（なぜなら，長いラジカル連鎖があるから），式 (A.6) で，第 1 項を無視すると

$$-\frac{d[CH_2=CHY]}{dt} = k_P [CH_2=CHY] \sqrt{\frac{k_I}{k_T}[X-X]}$$

となる．このように，ビニルモノマーの反応量は，ラジカル開始剤の濃度の平方根に比例する．つまり，ラジカル開始剤の濃度を 2 倍にすると，反応速度は $\sqrt{2}$ 倍になる．

次に，停止反応がカップリングであるとして，生成するポリマーの分子量を求めてみよう．この重合反応で発生しているラジカルの数は，ラジカル開始剤の数の 2 倍である(なぜなら開始剤 1 個から，2 個のラジカルができるから)．2 個のラジカルが結合して 1 個のポリマーができるのだから，最終的に生成するポリマーの数はラジカルの数の 1/2，すなわちラジカル開始剤の数に等しい．

反応したモノマーの数を，生成したポリマーの数で割ったものが重合度であり，前者は開始剤濃度の平方根に比例し，後者は開始剤濃度に比例するから，重合度は開始剤濃度の平方根に反比例する．つまり，開始剤濃度を 2 倍にすると，平均重合度は $1/\sqrt{2}$ 倍になる．この関係は，ポリマーを作るときに

図 A・7 トルエンの側鎖メチル基の塩素置換

重要である．

　停止反応が不均化であれば，2個のラジカルから2個のポリマーが得られる．このときの平均分子量は，停止反応がカップリングであったときの1/2になる．しかし開始剤濃度と反応速度，平均分子量との関係は変わらない．

　以上のような開始剤濃度と反応速度との関係は，ラジカル連鎖反応であれば重合反応でなくても成り立つ．また，ラジカルの発生を光によって行う場合は，ラジカル濃度が光の強度に比例するので，反応速度は照射する光の強度の平方根に比例する．

　例えばトルエンの側鎖メチル基の塩素置換は，図A・7に示すような機構で進行し，生成するクロロメチルベンゼンの量（正確にいえば，クロロメチルベンゼンの濃度変化）は，照射する光の強度の平方根に比例する．

索　引

ア
アナロジー　14, 30

イ
一次反応の速度式　43

ウ
漆原義之　70

エ
枝分れ法　2
X線回折　12
NMR　40

カ
カオス　81
化学平衡　31, 81
化学をとらえ直す　vi, vii, 14, 48
隠された線形の関係　36, 43
カタストロフィー　81
還元　26, 28

キ
桐山弥太郎　57
桐山漏斗　56

ク
クロマトグラフィー　13

ケ
原子炉　68

コ
光学的性質　20

サ
酸化　25, 28

シ
磁性　18
実験ノート　73
質量分析器　64
蒸留　59
振動反応　81, 82

ス
スペクトル　11

セ
セシウム　61
線形性　31
旋光度　38

チ
置換反応　26

テ
定性分析　7
定量分析　7
電気伝導性　20

電気分析　12

ハ
発光 → 光の放出

ヒ
光の吸収　33, 34
光の放出（発光）　33, 34, 39
非線形光学効果　86
非線形性　32, 79, 81

フ
ファント・ホッフの式　31
付加反応　26
物質の機能性　14
フラクタル　81
分岐　81
分光器　61
ブンゼン　60
ブンゼン電池　61
ブンゼンバーナー　61

ヘ
ベールの法則　37
ベローゾフ-ジャボチンスキー反応　82

ホ
ボイル-シャルルの法則　31

マ

マトリックス法　2, 3
マルコフニコフ則　70

ユ

有機反応　6

ラ

ラジカル連鎖反応　87
ランベルトの法則　36
ランベルト-ベールの法
　則　35, 37, 41, 43

ル

ルビジウム　61

ロ

漏斗　48
沪過　48, 50

著者略歴

杉森 彰(すぎもり あきら)

1933年　東京に生まれる
1956年　東京大学理学部化学科卒業
1958年　同大学院修士課程修了
　　　　日本原子力研究所研究員
1963年　上智大学助教授
1972年　同 教授
1999年　同 名誉教授
著　書　「有機化学概説（改訂版）」「演習　有機化学」（以上，サイエンス社），
　　　　「化学実験の基礎知識」（共著）「化学と物質の機能性」（以上，丸善），
　　　　「有機光化学」「基礎有機化学」「光化学」（以上，裳華房）

化学サポートシリーズ
化学をとらえ直す ― 多面的なものの見方と考え方 ―
2000年11月20日　第1版発行 ©

検印省略

定価はカバーに表示してあります．

著　者　杉　森　　　彰
発行者　吉　野　達　治
発行所　東京都千代田区四番町8番地
　　　　電　話　東　京　3262-9166(代)
　　　　郵便番号　102-0081

　　　　株式会社　裳　華　房
印刷所　株式会社　真　興　社
製本所　株式会社　青木製本所

社団法人
自然科学書協会会員

〈日本複写権センター委託出版物・特別扱い〉
本書の無断複写は，著作権法上での例外を除き，禁じられています．本書は，日本複写権センター「出版物の複写利用規程」で定める特別許諾を必要とする出版物です．すでに日本複写権センターと包括契約をされている方も事前に日本複写権センター（☎ 03-3401-2382）の許諾を得てください．

ISBN 4-7853-3406-1

Printed in Japan

2000年11月現在

── 化学系の教科書・参考書 ──

化　学　通　論	吉岡甲子郎 著	本体2500円
化学の目でみる 地球の環境 ―空・水・土―	北　野　　康　著	本体2200円
環　境　化　学（改訂版）	西　村　雅　吉　著	本体2200円
一　般　化　学（改訂版）	長　島・富　田　著	本体2100円
分　析　化　学	黒田・杉谷・渋川著	本体3700円
機器分析の基礎	江　藤　守　總　編	本体3000円
有　機　化　学（改訂版）	小　林　啓　二　著	本体2200円
無　機　化　学（改訂版）	木　田　茂　夫　著	本体2500円
分析化学の基礎	木　村・中　島　著	本体2900円
入門高分子科学	大　澤　善次郎　著	本体2700円
化学英語の手引き	大　澤　善次郎　著	本体2200円

── 化学新シリーズ ──

基礎物理化学	渡辺・岩澤 著	本体2800円
基礎有機化学	杉　森　　彰　著	本体2500円
基礎無機化学	一　國　雅　巳　著	本体2300円
高分子合成化学	井　上　祥　平　著	本体2800円
分　子　軌　道　法	廣　田　　穰　著	本体2700円
光　　　化　　　学	杉　森　　彰　著	本体2700円
量　子　化　学	近　藤・真　船　著	本体3400円
物理化学演習	茅　　幸　二　編著	本体2500円

── 化学サポートシリーズ ──

化学のための初めてのシュレーディンガー方程式	藤　川　高　志　著	本体1700円
エントロピーから化学ポテンシャルまで	渡　辺　　啓　著	本体1800円
有機化学の考え方 ―有機電子論―	右　田・西　山　著	本体2100円
化学平衡の考え方	渡　辺　　啓　著	本体1800円
有機金属化学ノーツ	伊　藤　　卓　著	本体1700円

裳華房ホームページ　http://www.shokabo.co.jp/